통계학을 떠받치는 일곱 기둥 이야기

통계는 어떻게 과학이 되었는가?

통계학을 떠받치는 일곱 기둥 이야기

초판 1쇄 2016년 12월 28일
2쇄 2017년 02월 14일

지은이 스티븐 스티글러
옮긴이 김정아
발행인 최홍석

발행처 (주)프리렉
출판신고 2000년 3월 7일 제 13-634호
주소 경기도 부천시 길주로 77번길 19 세진프라자 201호
전화 032-326-7282(代) **팩스** 032-326-5866
URL www.freelec.co.kr

기획편집 안동현
디 자 인 김혜정

I S B N 978-89-6540-155-1

통계학을
떠받치는
일곱기둥
이 야 기

통계는 어떻게 과학이 되었는가?

스티븐 스티글러 지음 | **김정아** 옮김

프 리 렉

차례

통계학이란 무엇일까? 영국 왕립 통계학회에 따르면 사람들은 일찍이 1838년에 이 물음을 던졌고, 그 뒤로도 지금껏 여러 차례 물어 왔다. 이토록 오랫동안 끈질기게 묻고 여러 가지로 답해 왔다는 것 자체가 눈여겨볼 현상이다. 그동안 오간 문답을 모아 보니, 이 문제가 풀리지 않는 까닭은 통계학이 홀로 기능 하는 학문이 아니어서인 것 같다. 통계학은 초창기부터 지금까지 극적으로 바뀌었다. 초창기 통계 전문가는 극도로 객관적이어야 하는 직업이라 자료를 취합만 할 뿐 분석하지 않았지만, 이제는 계획부터 분석까지 모든 연구 단계에서 과학자와 협력해 일한다. 게다가 통계학은 어떤 과학 분야에 적용하느냐에 따라 다른 모습을 보인다. 어떤 분야에서는 수학 이론에서 도출한 대로 과학적 모형을 받아들이지만, 어떤 분야에서는 모형을 구성해 뉴턴 학설의 구성만큼이나 탄탄한 위치를 차지하기도 한다. 어떤 분야에서는 팔을 걷어붙이고 계획하고서도 분석할 때는 한 발 뒤로 물러나지만, 어떤 분야에서는 정반대다. 이렇게 모습이 다양하니 헛발을 딛지 않도록 균형을 잡아야 하는 도전이 뒤따른다. 따라서 새로운 도전이 생길 때마다 "통계학이란 무엇인가?"라는 질문이 거듭해서 나오는 것이 조금도 놀랍지 않다. 그 도전이 1830년대의 경제 통계이든 1930년대의 생물학 문제이든 오늘날 뜻이 아직 모호한 '빅데이터' 문제이든 말이다.

통계와 관련한 문제와 접근법, 해석은 매우 다양하다. 그렇다면 학문으로서 통계학에 아무런 핵심이 없다는 뜻일까? 만약 우리 통계학자의 본분이 공공 정책부터 힉스 입자 발견에 대한 입증에 이르기까지 다양하기 그지없는 학문 분야에서 일하는 것이라면, 우리가 때로 한낱 조력자로만 보인다면, 어떻게 따져 본들 통계가 단일 학문 분야로 보이겠는가? 우리 자신도 통계가 학문 분야로 보이기나 하겠는가? 내가 책에서 다루고 싶은 것이 바로 이 물음이다. 그러므로 무엇이 통계학이고 무엇이 통계학이 아닌지는 말하지 않겠다. 그 대신 과거에 다양한 방식으로 우리 통계학을 떠받쳤고 앞으로도 영원히 그러리라 약속하는 일곱 가지 원리, 즉 일곱 기둥을 차근차근 설명하려 한다. 이들이 처음 소개될 때 기둥 하나하나가 획기적이었고 지금도 모두 깊이 있고 중요한 개념적 발전으로 남아 있다는 사실을 여러분에게 이해시키려 한다.

책 제목은 '아라비아의 로렌스'라 불린 T. E. 로렌스(T. E. Lawrence)가 1926년에 쓴 회고록 《지혜의 일곱 기둥(Seven Pillars of Wisdom)》에서 빌렸다.[1] 따라서 로렌스가 제목을 따온 구약 성경 잠언 9장 1절 "지혜가 그의 집을 짓고 일곱 기둥을 다듬고"와 이어진다. 잠언에 따르면 지혜는 깨달음을 얻으려는 이들을 맞아들이고자 집을 지었다. 하지만, 내 책에는 목적이 하나 더 있다. 바로 통계적 추론에서 가장 중요한 핵심 지식을 정확하게 설명하는 것이다.

일곱 가지 기본 원리를 '일곱 기둥'이라 부름으로써 나는 이들이 통계학 전체 체계가 아니라 통계학의 학문적 근간, 즉 일곱 버팀목이라는 것을 무엇보다 힘주어 말한다. 일곱 기둥 모두 생겨난 지가 오래이다. 현대 통계학은 이 오랜 기둥들을 바탕으로 기발한 독창성을 더하고 장래가 밝은 흥미로운 발상을 끊임없이 새로 제공해 모습이 다채로운 학문을 이루었다. 하지만, 나는 현대 통계학이 이룬 업적을 깎아내리지 않고서도 시대와 응용 분야를 뛰어넘어 통계학의 핵심에 존재하는 단일성을 명확히 설명하고자 한다.

첫째 기둥은 **자료 집계(Aggregation)**라 이름 붙이겠다. 19세기 명칭대로 '관측의 결합'이라 부르거나 아주 간단히 줄여 평균 계산하기로 불러도 되겠다. 그런데 이런 단순한 이름들이 오해를 낳는다. 내가 언급하려는 발상이 비록 지금은 낡았지만, 예전에는 정말로 획기적이었기 때문인데, 새 분야에 적용될 때면 지금도 늘 혁명적이다. 어떤 식으로 혁명적일까? 여러 관측이 있을 때 실제로 정보를 얻으려면 정보를 버려야 한다는 조건을 요구하는 데 있다. 단순한 산술 평균을 구할 때 우리는 측정에 대한 개별성을 무시하고 측정값을 하나의 요약 값으로 포괄하게 한다. 요즘 천문학에서는 별자리를 반복 관측할 때 당연히 산술 평균을 쓸 것이다. 하지만, 17세기에 산술 평균을 쓰려면 영국 관측 값은 결코 실망하게 하는 법이 없는 성실한 사람이 관측했지만, 프랑스 관측 값은 술에 절어 사는 사람이 관측했고 러시아 관측 값은 낡은 관측기로 관측했다는 사실을 뻔히 알면서도 이를 무시해야 했을 것이다. 사실 관측 하나가 드러내는 것보다 가치 있는 정보를 얻으려면 관측자 개인의 관측에서 세부 사항을 지워야 했다.

산술 평균을 사용하는 사례가 문서로 처음 명확히 기록된 때는 1635년이다. 산술 평균 말고 다른 통계 요약 형태는 역사가 훨씬 오래여서 문자 문명의 여명기인 메소포타미아까지 거슬러 간다. 물론 첫째 기둥에 최근 추가된 중요 사례는 더 복잡하다. 최소 제곱법과 이와 유사하거나 파생된 방법은 모두 평균들이다. 이 평균들은 개별적인 정체성이 감추어지는 자료에 대한 가중 집계(weighted aggregate)에 해당하는데, 지정한 공변량(covariate)은 제외된다. 핵밀도 추정이나 현대에 도입된 평활기(smoother) 같은 도구들도 평균이기는 마찬가지다.

둘째 기둥은 **정보 측정(Information Measurement)**이다. 자료 집계처럼 정보 측정도 지성사가 오래고 흥미롭다. 치료 효과가 있다고 확신할 만한 증거로 충분하다고 판단하는 시기에 대한 물음은 고대 그리스에서부터 있었다. 정보 축적 속도를 수학적으로 연구한 시기는 훨씬 최근이다. 18세기 초반에 들어 많은 경우에 하나의 자료 집합에서 정보의 양이 관측 횟수 n이 아니라 n의 제곱근에 비례한다는 사실을 알아냈다. 이 사실도 획기적이었다. 아닌 게 아니라 연구의 정확성을 두 배 높이고 싶다면 관측 횟수를 네 배로 늘려야 한다고, 달리 말해 마흔 번 관측을 똑같이 정확하게 실시했더라도 후반 스무 번은 전반 스무 번의 관측만큼 정보의 양이 많지 않다고 천문학자를 설득할 엄두가 났겠는가? 이 현상을 지금은 n의 제곱근 법칙(root-n rule)이라 부른다. 여기에는 강한 가정이 필요했고, 복잡한 여러 상황에서는 변경도 필요했다. 아무튼, 자료에 든 정보를 측정할 수 있다는, 달리 말해 상황에 따라 정확히 설명할 수 있는 방식으로 자료의 양과 정확성이 연관된다는 발상은 1900년에 이르러 뚜렷이 확립되었다.

셋째 기둥은 **가능도(Likelihood)**라 이름 붙였다. 확률을 이용해 추론을 바로잡는다는 뜻에서다. 이런 용도로 쓰이는 가장 단순한 형태는 유의성 검정(significance test)과 흔히 보는 p 값에서 나타난다. 하지만, '가능도'라는 이름에서 엿보이듯이 관련 방법이 아주 많은 데다, 상당수가 모수 모임 아니면 피셔 추론, 베이즈 추론으로 이어진다. 이런저런 형태로 검정을 쓴 때는 적어도 천 년을 거슬러 올라가지만, 확률을 이용한 초기 검정 가운데 몇몇은 18세기 초에 나왔다. 1700년대와 1800년대에도 사례가 많지만, 체계적인 처리는 20세기에 로널드 A. 피셔(Ronald A. Fisher), 예지 네이만(Jerzy Neyman), 에곤 S. 피어슨(Egon S. Pearson)이 연구한 끝에 나왔다. 이 시기에 가능도 이론은 매우 깊이 있게 발전하여 완성도를 높였다. 확률을 이용해 추론을 바로잡는 일은 검정에서 매우 흔할 테지만, 추론에 숫자가 연관될 때는 신뢰 구간이든 베이즈 사후 확률(Bayesian posterior probability)이든 어디에서나 나타난다. 사실 250년 전에 토마스 베이즈

(Thomas Bayes)는 정확히 이 목적으로 베이즈 정리를 발표했다.

넷째 기둥은 **상호 비교(Intercomparison)**라 이름 붙였다. 오래전 프랜시스 골턴(Francis Galton)이 쓴 논문에서 빌려 온 것이다. 상호 비교는 한때 획기적이었으나 이제는 흔해진 발상이다. 상호 비교는 통계적 비교를 외부 표준에 준거하지 않고 자료 내부 측면에서 실시해도 될 때가 자주 있다는 발상이다. 가장 흔히 접하는 상호 비교 사례는 스튜던트 t-검정과 분산 분석 검정이다. 복잡한 설계에서는 변동을 구분하는 게 복잡한 작업이므로 있는 자료만을 바탕으로 블록화, 분할법, 계층 설계를 평가할 수 있게 한다. 이 발상은 매우 획기적이지만, 외부의 과학적 표준을 무시하면서도 '타당한' 검정을 할 수 있는 능력은 강력한 도구들이 대개 그렇듯 엉뚱한 손에 들어가 남용될 수 있다. 부트스트랩은 현대판 상호 비교로 볼 수 있지만, 더 약한 가정을 쓴다.

다섯째 기둥은 골턴(Galton)이 1885년 발견한 사실을 본떠 **회귀(Regression)**라 부른다. 회귀는 이변량 정규 분포 관점에서 설명된다. 골턴은 찰스 다윈의 자연 선택설을 설명할 수학적 틀을 고안하려다 회귀를 발견했고, 그 덕분에 자연 선택설에 내재한 것으로 보이던 모순을 극복했다. 자연 선택설에 따르면 다양성이 늘어나야 하지만, 종을 정의하려면 개체군에 안정성이 나타나야 한다는 모순이었다.

회귀 현상은 간단하게 설명해서, 상관이 완전하지 않은 측정값 두 개 가운데 자체 평균에서 벗어난 하나를 고르면 남은 하나는 표준 편차 단위로 봤을 때 덜 벗어날 것이라는 현상이다. 키가 평균보다 큰 부모는 자녀가 부모보다 더 작다. 반대로 키가 평균보다 큰 자녀는 부모들이 자녀보다 더 작다. 그런데 여기에는 단순한 역설이라 하기에는 훨씬 큰 의미가 있다. 정말로 기발한 발상은 질문을 어떻게 던지느냐에 따라 근본적으로 다른 답이 나온다는 것이었다. 이 연구는 사실 모든 추정 이론에 필요한 도구와 현대의 다변량 분석을 도입하는 계기가 되었다. 이 조건부 분포라는 도구가 나오기 전에는 정말로 보편적인 베이즈 정리를 실현하지 못했다. 그러므로 다섯째 기둥은 인과 추론뿐 아니라 베이즈 추론에서도 중심적인 위치에 있다.

여섯째 기둥은 **설계(Design)**다. '실험 설계'에서 말하는 설계이지만, 생각의 폭을 더 넓혀 보면 균일한 관측 환경에서 사고를 훈련할 수 있는 이상적인 개념이다. 어떤 설계 요소는 생긴 지 매우 오래다. 구약 성경과 아랍의 초기 의술에서 예를 찾을 수 있다. 설계를 새롭게 이해하기 시작한 때는 19세기 후반부터다. 찰스 S. 피어스(Charles S. Peirce)와 피셔가 랜덤화가 추론에서 맡을 수 있는 놀라운 역할을 찾아냈기 때문이다. 피셔는 철저하게 랜덤화를 통해 조합으로 접근하는 게 이득이라는 것을 깨닫자 수 세기 동안 이어온 실험 철학과 관행에 상충하는 획기적 변화를 도입해 설계를 새로운 차원으로 이끌었다. 피셔가 고안한 설계 덕분에 다요인 현지 시험에서 효과를 분리하고 교호 작용을 추정할 수 있었다. 아울러 랜덤화 덕분에 정규성을 가정하거나 물질의 균질성을 가정하지 않고도 타당하게 추론할 수 있었다.

마지막 기둥이자 일곱째 기둥은 **잔차(Residual)**라 이름 붙였다. '잔차'란 '나머지 모든 것'이란 뜻이니 얼렁뚱땅 넘어가려는 게 아니냐고 의심할지 모르겠다. 하지만, 내가 생각하는 잔차는 더 구체적이다. 잔차 현상이라는 말은 1830년대 뒤로 논리를 다룬 책에서 심심찮게 나왔다. 어느 작가가 적었듯이 "이미 아는 원인의 효과를 제거함으로써 (…) **잔차 현상**을 설명할 수 있어서 복잡한 현상이 단순해질 것이다. 과학을 (…) 앞장서 촉진하는 것이 (…) 바로 이 과정이다."[2] 대체적으로 발상은 전형적이다. 하지만, 잔차가 통계학에 쓰일 때는 새로운 형태를 띠어 구조화된 모형군을 포함하며 원인을 판단할 확률 계산과 통계 논리를 적용함으로써 기법을 획기적으로 향상시키고 개선시켰다. 잔차를 그려 모형을 진단할 때 가장 흔히 보지만, 통계학에서 가장 중요하게 사용하는 예는 내포 모형으로 적합한 모형을 찾고 이들을 비교함으로써 고차원 공간을 연구할 때이다. 회귀 계수의 유의성 검정이 그런 예이고, 시계열 탐색도 마찬가지다.

지나치게 단순화할 위험이 크지만, 통계에서 기본이 되는 일곱 가지 발상이 갖는 유용성을 설명해 보려고 요약 형식의 문구로 이들 기둥을 다음처럼 표현해 보았다.

1. 자료에 대해 특정 부분을 축소 또는 압축해서 얻어진 값

2. 자료의 양은 늘어나는데 줄어드는 값

3. 우리가 하는 일에 확률 측정 막대를 꽂는 법

4. 자료에 보탬이 되도록 자료의 내부 변동을 이용하는 법

5. 관점을 달리한 질문에 따라 다른 답이 드러나는 정도

6. 관측 계획 수립에 대한 기본 역할

7. 과학에서 대립하는 설명들을 살펴보고 비교할 때 위에 나온 이 발상들을 사용하는 법

하지만, 이런 무미건조한 문구에서는 이 발상들이 처음 접하면서 예나 지금이나 얼마나 획기적으로 느껴지는지가 묻어나지 않는다. 일곱 가지 발상은 굳건하게 자리 잡은 수학적, 과학적 통념을 하나같이 밀어내거나 뒤집었다. 자료의 개별성을 버렸고, 똑같이 가치 있는 자료라도 뒤에 측정한 값을 덜 중시했고, 반발을 이겨 내고서 운에 맡기는 승부를 벗어나 어떻게든 확률로 불확실성을 측정했다. 자료의 내부 변동이 어떻게 변동을 유발하는 세상의 불확실성을 측정할 수 있을까? 과학자들은 골턴의 다변량 분석 덕분에 자료 변동이 있는 과학 세계에서는 유클리드에서 비롯한 비례법이 들어맞지 않는다는 사실을 깨달았다. 그래서 3천 년 동안 이어온 수학 전통이 무너졌다. 피셔의 설계는 실험 과학자와 논리학자가 수 세기 동안 믿어 왔던 것과 정면으로 부딪쳤다. 사실 피셔가 고안한 모형 비교법은 실험 과학에서

는 완전히 낯선 것이어서 세대가 바뀌고서야 받아들여졌다.

이 발상들이 얼마나 획기적이고 영향력이 큰지는 끊임없이 강하게 반발이 나오는 것으로 증명된다. 내가 가치 있는 특징으로 꼽는 측면을 곧잘 공격하는 반발들이다. 예를 들자면 이렇다.

- 개인의 특성을 무시하고 사람을 한낱 통계 자료로 다룬다는 불만
- 빅데이터는 자료의 크기만을 바탕으로 답을 내놓는다는 암묵적인 주장
- 유의성 검정이 논쟁 중인 과학에는 소홀하다는 맹비난
- 회귀 분석이 문제의 중요한 측면을 무시한다는 비판

이런 의심에는 문제가 있다. 의심을 부른 사례에서는 비난 내용이 정확히 맞을지도 모르지만, 설사 그렇더라도 겨냥하는 것이 해당 사례에서 통계 기법을 쓴 방식이 아니라 기법 자체일 때가 많기 때문이다. 이 문제를 1927년에 에드윈 B. 윌슨(Edwin B. Wilson)이 예리하게 꼬집었다.

"통계를 배우지 않은 사람이 과학적 방법론에 해당하는 도구들 가운데 아무것이나 잡히는 대로 집어 드는 만큼이나 위험하기 짝이 없는 통계 도구를 떡 하니 손에 쥐는 까닭은 대개 통계가 무엇인지 몰라서이다."[3]

앞으로 내용을 설명하고 관련 역사를 간략히 소개할 일곱 기둥은 잘 훈련되었으면서 지혜로운 연구자의 손에 들어가야만 뛰어난 통계 도구로서 효과적으로 사용될 수 있다. 일곱 기둥은 수학의 한 부분이 아니다. 컴퓨터 공학의 한 부분도 아니다. 이들은 통계학의 중심이다. 고백하건대 앞에서 통계학이 무엇인지 설명하는 것이 목표가 아니라고 대놓고 부인했지만, 책이 끝나갈 쯤에는 통계학이 무엇인지 설명을 하면서 마치게 될 것이다.

설명이 부족했던 부분을 다시 간단히 살펴보자. 잠언 9장 1절은 정확히 무슨 뜻일까? 이 구절은 표현이 특이하다. "지혜가 그의 집을 짓고 일곱 기둥을 다듬고" 찾아보니 옛날 옛적에도 지금도 이런 구조가 없다. 왜 기둥이 일곱 개나 있어야 했을까? 확실해 보이는 최근 조사에 따르면 1500년대 학자들은 제네바 성경과 킹제임스 성경 번역에 참여한 이들마저 초기 수메르 신화를 몰랐고, 그래서 문제가 되는 구절을 잘못 번역했다. 수메르 신화에 나오는 기둥은 결코 건축 구조가 아니었다. 대홍수 이전에 메소포타미아에 있던 위대한 일곱 왕국을 가리켰다. 일곱 왕을 보필한 일곱 현인이 원칙을 만들고 그 원칙에 따라 일곱 도시에 세운 왕국들이었다. 지혜의 집은 일곱 현인이 만든 원칙을 주춧돌로 삼았다. 최근 어느 학자가 이렇게 다른 번역을 내놓았다.

"지혜가 자기 집을 지으니 일곱 현인이 집의 주춧돌을 마련했다."[4]

　그러므로 내가 이야기하는 일곱 기둥은 역사가 기억하지 못하는 사람을 포함해 일곱 현인보다 훨씬 더 많은 사람이 노력해서 얻어진 열매이다. 책을 읽다 보면 이들 가운데 가려 뽑은 사람을 여럿 만날 것이다.

CHAPTER 1

자료 집계

표와 평균에서 최소 제곱법까지

첫째 기둥인 자료 집계(Aggregation)는 가장 오래되었을 뿐 아니라 가장 과감하기도 하다. 19세기에는 자료 집계를 '관측의 결합(Combination of Observations)'이라 불렀다. 자료에서 개별 값들을 결합해 통계적으로 요약하면 개별 값들이 제공하는 것보다 정보를 더 얻게 되어 이득이라는 인상을 주려는 의도였다. 통계학에서는 부분을 모아 놓기보다 요약하는 것이 나을 때가 있다. 그런 예로 표본 평균이 가장 먼저 과학 기술의 주목을 받았다. 하지만, 개념에는 가중 평균부터 최소 제곱법까지 다른 요약 방식이 들어 있고, 최소 제곱법도 개별 자룟값들의 일부 다른 특성에 맞추어 평균을 조정하므로 밑바탕은 가중 평균, 곧 조정 평균이다.

자료 분석에서 평균 산출은 어떤 방식을 쓰든 꽤 과감한 단계에 속한다. 통계를 내는 사람이 자료에 든 정보를 버리기 때문이다. 달리 말해 측정

순서, 측정 환경의 차이, 관측자의 신원과 같이 관측마다 다른 개별성을 포기한다. 1769년 이후로 1874년에 처음 금성이 태양 면을 통과했다. 여러 나라가 한껏 기대에 부풀어 금성 일식을 관찰하기 좋을 만한 곳으로 탐사대를 보냈다. 금성이 해를 통과하기 시작한 시간과 마친 시간을 정확히 알면 태양계의 크기를 정밀히 측정하는 일이 가능했기 때문이다. 여러 도시에서 발표한 수치는 평균을 내도 의미가 있을 만큼 비슷했을까? 관측 값은 역량이 다른 관측자가 다른 장소에서 금성 일식이 일어난 조금씩 다른 시간에, 다른 장비로 잰 값이었다. 그렇다고 손을 떨거나 딸꾹질을 하거나 한눈을 팔 때마다 귀신같이 알아채는 관측자 한 명이 한 별자리를 연속적으로 관측한 것이 평균을 내도 될 만큼 비슷할까? 고대는 물론 현대에도 관측 환경을 하나부터 열까지 지나치게 잘 알면 관측을 결합해야겠다는 생각이 꺼인다. 정확성이 의심스러운 관측까지 평균해서 오류를 일으키느니 가장 정확해 보이는 관측 하나를 고르고 싶다는 생각은 예나 지금이나 늘 우리를 강하게 유혹한다.

평균 산출이 아주 흔해진 뒤에도 정보를 버림으로써 정보를 더 얻을 수 있다는 생각을 사람들이 마냥 쉽게 받아들인 것은 아니다. 1860년대에 윌리엄 스탠리 제번스(William Stanley Jevons)가 여러 물품 가격의 백분율 변동을 기본적으로 평균해 얻은 값 하나를 지수로 하여 물가 수준의 변동을 측정하자고 제안했다. 그러자 무쇠와 후추에서 나온 자료를 함께 평균하다니 말도 안 된다는 비판이 뒤따랐다. 또 개별 물품으로 논의를 옮기자 지난 역사를 속속들이 아는 연구자들이 유혹을 못 이기고 과거에 특정 사안이 왜 그렇게 흘러갔는지에 대한 이야기로 모든 물가 동향과 변동을 설명할 수 있다고 주장했다. 제번스는 1869년에 이런 논거를 강하게 비난했다. "각 변동을 완벽히 설명하는 일이 그리 필요하다면 물가 변동에 대한 연구는 모두 가망이 없을뿐더러 수치적 사실에 기대는 한 통계학과 사회학은 모조리 폐기해야 할 것이다."[1] 이 말은 자료를 설명하는 이야기가 틀렸다는 뜻이 아니었다. 자료에 대한 이야기들이나 개별 관측이 갖는 특이 사항들은 배경으로 두어야 한다는 뜻이었다. 일반적인 경향이 드러나려면 여러 관측을 하나의 집합으로 간주해야 한다. 즉, 관측을 결합해야 한다.

호르헤 루이스 보르헤스(Jorge Luis Borges)는 이 점을 꿰뚫어 봤다. 1942년에 펴낸 판타지 단편소설 《기억의 천재 푸네스(Funes the Memorious)》에서 이레네오 푸네스라는 남자를 어떤 사고 뒤로 모든 것을 티끌만큼도 빼먹지 않고 기억하는 사람으로 그렸다. 푸네스는 하루하루 일어난 일을 아주 사소한 것까지 기억하고, 지난날을 떠올린 기억까지도 기억했다. 그러나 이해는 못 했다. 보르헤스는 이렇게 적었다. "생각하기란 자질구레한 것을 잊고 일반화하고 추상화하는 일이다. 기억이 바글대는 푸네스의 세계에는 자질구레한 것밖에 없었다."[2] 자료 집계로 얻는 이득은 엄청나서 개별 요소를 훌쩍 뛰어넘는다. 푸네스의 사례는 통계학을 적용하지 않은 빅데이터였다.

자료 집합(data set)을 요약하려고 산술 평균을 처음 쓴 때는 언제일까? 또 이를 관행으로 널리 받아들인 때는 언제일까? 두 질문은 사뭇 다르다. 첫 질문은 뒤에 이유를 설명하겠지만 답하기 어렵다. 둘째 질문의 답은 17세기 어느 때쯤으로 보이지만, 더 정확한 시기를 밝히기는 근본적으로 어려워 보인다. 측정에 대해서 그리고 관련 문제 발표에 대해서 더 깊이 이해하게끔 출판물에 맨 처음 이런 맥락으로 '산술 평균(arithmetical mean)'이라는 표현을 쓴 것으로 보이는 흥미로운 사례를 하나 살펴보자.

자침 편차

1500년 무렵, '자침'이라고도 불렀던 자기 나침반은 갈수록 모험을 즐기는 뱃사람들에게 없어서는 안 될 기본 도구로 자리 잡았다. 사람들은 자침으로 어느 장소, 어떤 날씨에서든 자북을 읽을 수 있었다. 자북과 진북이 다르다는 사실을 벌써 백 년 전부터 알았고, 1500년 무렵에는 자북과 진북의 차이가 여기저기 달라치는 데다 동 또는 서로 10° 넘게 차이 나는 곳도 많다는 것까지 알았다. 당시 사람들은 바다 때문에 자력이 약해진 자침이 바다에서 멀어져 육지로 치우치려 해 차이가 생긴다고 여겼다. 그리고 나침반으로 진북을 찾는 데 필요한 보정값을 자침 편차라 불렀다. 당시 어떤 해도는 뱃길에 있는 해협과 바다에서 보이는 가까운 지형지물 같은 주요 장소에 알려진 보정값을 표시했고, 뱃사람들은 지도에 적힌 편차를 철석같이 믿었다. 1600년에는 윌리엄 길버트(William Gilbert)가 지구 자기를 다룬 고전《자석에 대하여(De Magnete)》에서 지구에 변고가 생기지 않는 한 장소마다 편차가 변하지 않는 것을 믿어도 좋다고 다음과 같이 발표했다. "자침은 과거에도 늘 동이나 서로 기울었고, 지금도 바다든 육지든 어디에서나 편차각이 옛날과 같다. 앞으로도 마찬가지여서 플라톤을 비롯한 고대 저술가들이 기록한 아틀란티스처럼 대륙이 산산이 갈라지고 나라가 멸망한다면 모를까 자침 편차는 영원히 바뀌지 않을 것이다."[3]

안타깝게도 뱃사람들과 길버트의 확신은 틀렸다. 런던에 있는 똑같은 장소에서 오십 년 넘는 시차를 두고 자침 편차를 측정한 적이 있었다. 1635년에 헨리 겔리브랜드(Henry Gellibrand)가 두 편차를 비교해 보니, 차이가 꽤 컸다.[4] 진북을 찾는 데 필요한 보정 값은 1580년에 동으로 11°였지만, 1634년에는 줄어들어 동으로 약 4°였다. 두 측정값 모두 여러 차례 관측한 결과였고, 꼼꼼히 뜯어보면 시대가 달랐어도 두 관측자 모두 어렴풋이나마 산술 평균을 써보려 했다. 하지만, 두 사람 다 명확히 적용하지는 못했다.

이런 초창기 자침 편차 계산을 가장 자세히 기록한 예는 1581년에 윌리엄 버러(William Borough)가 펴낸 짧은 논문 "나침반 또는 자침 편차에 대한 담론(A Discours of the Variation of the Cumpas, or Magneticall Needle"이다.[5] 논문 3장에서 버러는 어떤 장소의 진북 방향을 미리 세세히 알지 못하더라도 편차를 알아내는 방법을 설명했다. 또 런던 이스트엔드 도 크랜즈에 있는 곳으로, 그리니치 자오선에서 멀지 않은 라임하우스에서 이 방법을 쓴 과정도 꼼꼼히 설명했다. 버러는 아스트롤라베(옛 천문 관측에 쓰이던 기구로, 바탕은 각도마다 눈금이 그려진 황동 원판이고 파인더스코 프로 해를 관찰해 고도를 파악하는 동안 수직으로 걸어 놓음)로 태양 고도 를 꼼꼼히 관측할 것을 제안했다. 그리고 한낮을 전후로 해가 뜨고 지며 새 로운 고도에 이를 때마다 철사가 자기 나침반 표면에 드리운 그림자의 방향 을 살피고 기록해 자북과 태양의 편차를 쟀다. 태양 고도는 해가 자오선에 있을 때 최대이니 이때가 진북이었다(**그림 1.1**).

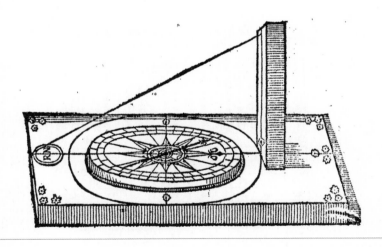

그림 1.1 버러가 사용한 나침반. 나침반 북쪽 끝을 백합 문양으로 표시했고 거기에 수직 막대가 있다. 남쪽에 적힌 R.N.은 버러의 논문을 부록으로 실은 책의 저자 로버트 노먼(Robert Norman)의 머리글자다. 버러가 논문에서 나침반의 포인트라고 언급한 것들은 그림에 보이는 나침반의 여덟 방위가 아니라 방위 사이를 4등 분 하여 결국 원을 11°15′으로 32등분 하는 선이다(Norman 1581).

버러는 오전(**그림 1.2**의 Fornoone. 수식에서 AM으로 표시)과 오후(**그림 1.2**의 Afternoone. 수식에서 PM으로 표시)에 태양 고도가 같을 때마다 나침반을 관측해 쌍으로 기록한 뒤 값을 검토했다. 라임하우스의 진북과 자북이 같다면 오전 측정값과 오후 측정값의 거의 중간이 진북이자 곧 자북일 것이다. 해가 최대 고도에 이르는 자오선(정오)을 지날 때를 중심으로 대칭인 호를 그리기 때문이다. 이와 달리 자북이 진북에서 10° 동쪽에 있다면 그림자가 오전이든 오후든 서쪽으로 10° 더 치우칠 것이다. 어느 쪽이든 자침 편차는 오전 측정과 오후 측정을 평균해 얻는다. 버러가 1580년 10월 16일에 측정한 자료를 기록한 표가 **그림 1.2**이다.

¶ In Limehouse the sixteenth of October. Anno, 1 5 8 0.

Fornoone.			Afternoone.				
Elevation of the Sunne.	Variation of the shadow from the North of the Needle to the Westwardes.		Elevation of the Sunne.	Variation of the shadow from the North of the Needle to the Eastwards.		Variation of the Needle from the Pole or Axis.	
Deg.	Degr.	Min.	Deg.	D.	M.	D.	M.
17	52	35	17	30	0	11	17 ½
18	50	8	18	27	45	11	11 ¼
19	47	30	19	24	30	11	30
20	45	0	20	22	15	11	22 ½
21	42	15	21	19	30	11	22 ½
22	38	0	22	15	30	11	15
23	34	40	23	12	0	11	20
24	29	35	24	7	0	11	17
25	22	20	25	Fró N. to w. 0.8		11	14

그림 1.2 버러가 1580년에 런던 근처 라임하우스에서 자침 편차를 측정한 자료(Norman 1581)

버러는 태양이 고도 17°에서 25° 사이에 있을 때 오전 편차와 오후 편차 아홉 쌍을 쟀다. 편차각이 오전에는 서편으로, 오후에는 오전과 반대 부호인 동편으로 나오지만, 고도 25°에서는 오후에도 살짝 서편에 있다. 오전과 오후의 부호가 다르므로 오른쪽 세로 칸에 적힌 편차는 오전 편차와 오후 편차의 차이를 이등분한 값이다. 태양 고도 23°에서 잰 자료 쌍으로 예를 들어 보자.

$$(AM + PM)/2 = (34°40' + (-12°0'))/2$$
$$= (34°40' - 12°0')/2$$
$$= (22°40')/2 = 11°20'$$

계산 값 아홉 개가 꽤 비슷하지만, 똑같지는 않다. 버러는 발표할 편차 하나를 어떻게 정했을까? 통계학 이전 시대에도 틀림없이 자료를 발표해야 했지만, 합의된 요약 기법이 하나도 없었으므로 어떤 기법을 썼는지 설명할 필요가 없었다. 게다가 참고할 선례도 없었다. 버러도 설명 없이 답만 말하며 오른쪽 세로 칸을 이렇게 언급했다. "이 값들을 모두 참고해 보니 라임하우스의 자침 또는 나침반 편차는 약 11도 15분에서 11도 20분 사이로, 나침반의 한 포인트와 같거나 조금 크다." 버러가 말한 11도 15분(11°15')은 오늘날 쓰는 요약 값 어디에도 들어맞지 않고, 평균, 중간값, 범위의 중앙, 최빈값보다 작다. 태양 고도 22°에서 계산한 편차와 일치하고 그렇게 고른 값일지도 모른다. 하지만, 그렇다면 태양 고도 23°일 때 나오는 편차 11도 20분을 왜 또 제시했을까? 아니면 혹시 '나침반의 한 포인트', 즉 나침반의 32방위 간격인 11도 15분에 맞춰 반올림했을까? 어쨌든 버러가 정식 절충 값이 있어야 한다고 느끼지 않았다는 것은 분명하다. 같은 고도에서 잰 오전과 오후 측정값을 평균할 줄은 알았지만, 대비되는 관측을 이용해 결론을 내는 현명한 선택일 뿐이었지 본질이 동등한 관측을 결합한 것은 아니었다. 버러가 쓴 평균은 '이전 값에서 나중 값을 뺀' 대비 값이었다.

50년이 조금 더 지난 1634년에 그레셤 대학 천문학과 교수로 있던 겔리브랜드가 이 문제를 다시 들췄다(**그림 1.3**). 12년 전인 1622년에 겔리브랜드의 전임자 에드먼드 건터(Edmund Gunter)가 라임하우스에서 버러의 실험을 재현해 자침 편차 계산 값 여덟 개를 얻었다. 그런데 결과가 6° 근방이라 버러가 잰 11°15′과 크게 달랐다. 관측에는 뛰어났어도 상상력이 모자랐던 건터는 이것이 발견인 줄 몰라보고 버러가 실수를 저질러 결과가 일치하지 않는다고 탓했다. 겔리브랜드는 버러를 매우 높이 샀으므로 건터의 견해를 지지하지 않았고, 안타까움에 이렇게 적었다. "편차가 너무 크게 불일치하니 어떤 이들은 줄곧 마땅한 근거 하나 대지 못하면서도 버러 선생의 관측에 오류가 있다고 성급히 비난해 왔다."[6] 겔리브랜드는 티코 브라헤(Tycho Brahe)의 공으로 돌린 방법을 써서 태양 시차에 맞춰 버러의 수치를 조정해 보았다. 버러 생전에는 없던 방법이었다. 하지만, 효과가 미미했다. 예를 들어, 고도 20°에서 버러가 잰 편차 11도 22.5분을 조정해 봤자 11도 32.5분이 나올 뿐이었다. 그러자 겔리브랜드는 런던 데트퍼드에서 아스트롤라베가 아닌 1.8m짜리 사분의가 들어간 정교한 새 관측 장비를 써서 자기가 직접 관측해 보기로 했다. 데트퍼드는 템스 강 바로 남쪽이고 라임하우스와 경도가 같다.

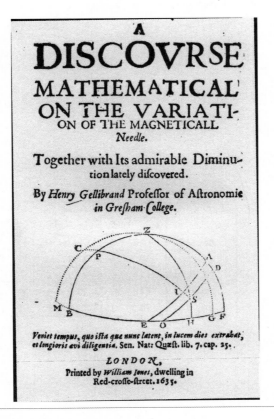

그림 1.3 겔리브랜드의 짧은 논문 표지(Gellibrand 1635)

1634년 6월 12일, 겔리브랜드는 브라헤가 공헌한 표에 바탕을 둔 방법들을 써 자침 편차 계산값 열한 개를 얻었다. 다섯 개는 오전에, 여섯 개는 오후에 얻은 값이었다(그림 1.4). 가장 큰 값은 4°12′이었고 가장 작은 값은 3°55′이었다. 겔리브랜드는 다음과 같이 요약했다.

"관측 값이 이렇게 비슷하므로 편차는 4gr. 12m보다 크거나 3gr. 55m 보다 작을 리 없고 산술 평균에 따르면 4gr. 4m 정도이다."[7] (여기 서 'gr.'은 당시 '눈금' 단위인 '도'를 가리킨다. 1790년대에는 프랑스 에서 혁신적인 자가 나와 직각의 1/100을 나타낼 때 'grad' 대신 'gr.' 을 사용했다.)

Obſervations made at Diepford An. 1634 Iunij 12 before Noone

Alt: ☉ vera		Azim: Mag		Azim. ☉		variatiō	
Gr.	Min.	Gr.	M.	Gr.	M.	Gr.	M.
44,	45.	106,	0	110	6	4.	6
46,	30,	109,	0	113	10	4,	10
48,	31,	113,	0	117	1	4.	1
50,	54,	118	0	122,	3	4.	3
54,	24,	127	0	130	55	3	55

통계학을 떠받치는 일곱 기둥 이야기

Alt. ☉ vera		Azi. Mag	Azim. ☉		Variation	
Gr.	Min.	Gr: M.	G,	Mn.	Gr,	Min
44	37	114: 0	109.	53.	4:	7
40	48	108: 0	103,	50	4:	10
38	46	105, 0	100,	48	4.	12
36	43	102, 0	97.	56	4.	4
34	32	99, 0	95,	0	4:	0
32	10	96: 0	91.	55	4:	5

Thefe Concordant Obfervations can not produce a variation greater then 4 gr. 12 min. nor leffe then 3 gr. 55 min. the Arithmeticall meane limiting it to 4 gr. and about 4 minutes.

그림 1.4 겔리브랜드가 정리한 자료. '산술 평균(arithmeticall meane)'이란 말이 나온다(Gellibrand 1635).

그런데 겔리브랜드가 발표한 '평균(meane)'은 편차 열한 개의 산술 평균이 아니었다. 그랬다면 4°5'이 나왔을 것이다. 겔리브랜드는 산술 평균 대신 최댓값과 최솟값의 평균, 즉 뒷날 통계학자들이 범위의 중앙(midrange)이라 부를 값을 썼다. 엄밀히 말해 주목할 만한 값은 아니다. 관측 값 두 개로 산술 평균을 내는 한은 두 값 사이에 있는 절충값에 영향을 미칠 길이 없다. 사실 이보다 앞서 몇몇 천문학자들이 두 값을 한 값으로 나타내야 할 때 두 값을 평균하거나 비슷한 방법을 썼다. 1600년대에 브라헤와 요하네스 케플러(Johannes Kepler)가 확실히 그런 방법을 썼고, 알 비루니(al-Biruni)도 서기 1000년 무렵에 그랬을 가능성이 크다. 겔리브랜드의 연구에서 새로운 것은 용어였다. 이미 쓰던 방법에 이름을 붙인 것이다. 고대인도 산술 평

균을 알았지만, 지금까지 알려진 바로는 그들 중 누구도 저작물에 계산법의

명칭을 실제로 밝히는 것이 유용하다거나 필요하다고 느끼지 않았다.

관측을 통계 분석하는 일이 정말 새로운 단계로 진입했다고 알린 신

호는 뒤이어 1668년에 《영국 왕립학회지(Transactions of the Royal

Society)》에 실린 짧은 기록으로, 이 글 또한 자침 편차를 다뤘다. 'D. B.'라

는 사람이 쓴 편지를 편집장 헨리 올덴부르크(Henry Oldenburg)가 발췌

한 것으로, 브리스틀 근처에서 측정한 편차 다섯 개가 나온다(그림 1.5).

An Extract
Of a Letter, written by D. B. *to the Publisher, concerning the pre-sent* Declination *of the* Magnetick Needle, *and the* Tydes, *May* 23. 1668.

SIr, I here present you with a Scheme of the *Magnetical Variations*, as it was sent me by Capt. *Samuel Sturmy*, an experienced Seaman, and a Commander of a Merchant Ship for many years; who (as he assures me) took the Observations himself in the presence of Mr. *Staynred*, an antient Mathematician, & others, in *Rownham*-Meadowes by the water-side, in some such approach, I think, to *Bristol*, as *Lime-house* or the Fields adjoyning are to *London*. This (as the *Table* shews) was taken *June* 13. 1666. They observed again in the same day of the next year, *viz. June* 13. 1667; and then they found the Variation increas'd about 6. minutes *Westerly*.

	Observed June 13. 1668,			
Sun's-Observ'd Altitude.	Magnetical Azimuth.	Suns true Azimuth.	Variat. Westerly.
Gr.	M.	Gr.	M.	Gr.	M.	G.	M.
44	20	72	00	70	38	1	22
39	30	80	00	78	24	1	36
31	50	90	00	88	26	1	34
27	42	95	00	93	36	1	24
23	20	103	00	101	23	1	23

그림 1.5 D. B.가 쓴 편지의 첫 문단(D. B. 1668)

D. B.는 스터미(Sturmy) 선장이 요약한 값을 이렇게 보고한다. "이 **표**를 작성하면서 선장은 거리 또는 차이가 크게 나 봤자 14분이라고 언급합니다. 그리고 진짜 **편차(variation)**를 알고자 **평균(mean)**을 내더니 **당시 그곳**, 즉 1666년 6월 13일 브리스틀의 편차는 정확히 1도 27분이라고 결론 냅니다."[8] 정확한 평균이 1°27.8′이니 스터미 선장(또는 수학자 스테인레드(Staynred))은 끝수를 버렸다. 하지만, 어쨌거나 분명히 1660년대 후반에 드디어 산술 평균(arithmetic mean)이 출판물에 모습을 드러냈고 관측을 결합하는 방법으로 공식 인정을 받았다. 언제 도입되었는지는 앞으로도 모르겠지만, 도입되었다는 사실은 부인하기 어려워 보인다.

고대의 자료 집계

통계적인 요약은 글쓰기만큼이나 역사가 길다. **그림 1.6**은 시카고대학 동양연구소에서 일하는 동료 크리스 우즈가 보여준 자료로, 글쓰기가 갓 시작된 기원전 3000년경에 만들어진 수메르 점토판을 재구성한 것이다.

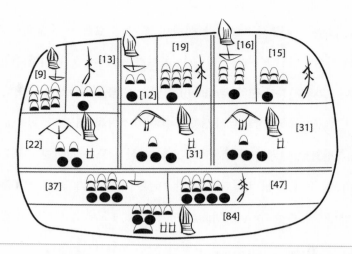

그림 1.6 기원전 3000년경 만들어진 수메르 점토판에 아라비아 숫자를 덧붙여 재구성한 그림(로버트 K. 앵글룬드가 재구성함. Englund 1998, 63)

점토판은 2×3 분할표에 해당하는 수치를 보여주고 있다. 표에서 보이는 두 물품의 수치는 3년간 두 곡물을 수확한 수치일 가능성이 크고 여기에 아라비아 숫자를 덧붙였다.[9] 첫 행은 여섯 칸이고 물품의 상징 아래 각 수치가 있다. 둘째 행은 연도별 합계, 즉 열 합계, 셋째 행은 곡물별 합계, 즉 행 합계, 마지막 행은 총계이다. 오늘날에는 아래 표에서 보듯 수치를 다르게 배열할 것이다.

	연도 1	연도 2	연도 3	합계
곡물 A	9	12	16	37
곡물 B	13	19	15	47
합계	22	31	31	84

통계학을 떠받치는 일곱 기둥 이야기

수메르인이 어떤 통계 분석을 썼는지 전하지는 않지만, 분명히 카이제곱 검정은 쓰지 않았다. 점토판을 보면 당시로는 통계 지식수준이 높았지만, 개별 자룟값에서 크게 나아가지 못했다는 사실이 뚜렷하다. 예로 점토판 앞면에 연도별 곡물 수량을 적었을 뿐 아니라 뒷면에는 수량 산출에 쓴 원본 자료, 곧 각 생산자 수를 적었다. 오천 년 전이었는데도 원본 자료를 공개하는 것이 쓸모 있다고 여긴 사람이 있기는 있었다!

하지만, 통계 자료를 처음 과학적으로 분석한 때는 언제일까? 산술 평균을 쓰는 일이 통계 분석에서 공식 절차로 자리 잡은 때는 언제일까? 정말로 17세기를 코앞에 두고서였을까? 천문학, 측량, 경제학은 왜 더 이른 시기에 관측을 결합할 때 평균을 쓰지 않았을까? 고대인도 분명 평균을 계산할 줄 알았다. 피타고라스학파는 벌써 기원전 280년에 세 가지 평균, 즉 산술 평균, 기하 평균, 조화 평균을 알았다. 그리고 서기 1000년 무렵에는 철학자 보에티우스(Boethius)가 피타고라스학파의 평균 세 가지를 포함해 평균의 가짓수를 적어도 열 개로 늘렸다. 하지만, 단언컨대 철학적 의미, 선분의 비례 논의, 음악에 평균을 썼지 자료 요약에는 쓰지 않았다.

분명히 2,000년도 더 전에 그리스인이나 로마인, 이집트인들이 일상생활에서 나오는 자료로 평균을 산출했다고 생각해 볼만하다. 설혹 이들이 아니어도 천 년 전 뛰어났던 아랍 과학계가 천문학을 연구하다 틀림없이 평균을 찾아냈을 것이다. 하지만, 기록을 남긴 사례를 단 하나라도 찾아내고자 광범위한 옛 자료를 부지런히 뒤져 봐도 나오는 것이 없다.

일찍이 평균을 쓴 증거를 가장 꿋꿋이 찾은 사람은 거의 평생을 미국 국립표준국(National Bureau of Standards)에서 보낸 끈기 넘치는 연구 자 처칠 아이젠하르트(Churchill Eisenhart)이다. 아이젠하르트는 평균을 쓴 역사를 몇십 년 동안 조사한 뒤 이를 요약한 다음, 1971년 미국통계협회 (American Statistical Association) 회장 연설에서 발표했다.[10] 열정에 사 로잡혀 두 시간 가까이 연설했지만, 애써 찾아낸 첫 평균 사용 기록은 내가 앞에서 언급한 D. B.와 겔리브랜드 사례였다. 아이젠하르트가 찾아본 바 에 따르면 히파르코스(Hipparchus, 기원전 150년경)와 프톨레마이오스 (Ptolemaeus, 서기 150년경)는 어떤 통계 기법을 썼는지 입도 뻥긋하지 않 았고, 알 비루니(서기 1000년경)는 최솟값과 최댓값의 차이를 나눠 나온 수 를 쓴 것이 평균에 그나마 가까웠다. 그런가 하면 인도의 실용 기하학에서 는 평균을 꽤 일찍 사용했다고 한다. 628년에 브라마굽타(Brahmagupta) 는 구적법을 다룬 짧은 논문에서 모양이 불규칙한 구덩이의 용적을 구덩이 의 평균 크기에 해당하는 직육면체의 용적으로 근사해 구하는 법을 제안했 다.[11]

역사 기록을 살펴보면 인류는 이제까지 온갖 자료를 수집했다. 자료를 반드시 요약해야 할 때도 있었을 것이다. 평균을 쓰지 않았다면 자료를 요약 할 때, 즉 발표할 수치 하나를 정할 때 어떤 방법을 썼을까? 평균과 비슷한 개념을 쓴 사례 두어 개를 살펴보면 통계학 이전 시대에 이 문제를 어떻게 봤는지 더 명확히 알 수 있을 것이다.

한 사례는 기원전 428년으로 거슬러 올라가 투키디데스(Thucydides)가 적은 것으로, 공격용 사다리가 나온다.

"사다리는 적의 성벽 높이에 맞춰 만들었다. 성벽 높이를 재고자 정면에 보이는 회칠이 덜 된 벽의 벽돌이 세로로 몇 장인지 셌다. 여러 사람이 한꺼번에 셌으므로 정확히 세지 못한 사람도 있었겠지만, 대부분 맞게 셌을 것이다. 성벽과 그리 멀리 떨어지지 않은 데다 목적을 이루기 쉬울 만큼 성벽이 잘 보이는 곳에서 벽돌 수를 거듭 셌기 때문에 특히나 맞게 셌을 것이다. 이렇게 벽돌 높이로 계산해서 필요한 사다리 길이를 알아냈다."[12]

투키디데스가 설명한 것은 최빈값(mode)이라 부르는 방법을 쓰는 상황이었다. 최빈값은 가장 많이 나타나는 값이다. 수치 간에 서로 독립이 아니라 예상될 때는 특히 정확하지 않지만, 당시 보고된 수치들이 밀집한 형태였다면 다른 요약 기법만큼이나 정확했을 가능성이 크다. 아쉽게도 투키디데스는 자료를 남기지 않았다.

다른 사례는 훨씬 뒤인 1500년대 초반에 야콥 쾨벨(Jacob Köbel)이 세밀한 그림을 새겨 넣은 측량서에 나온다. 쾨벨에 따르면 당시에는 땅을 측량하는 기본 단위가 로드(rod)였고, 1로드는 16피트였다. 그런데 당시 피트는 진짜 발길이를 뜻했다. 하지만, 도대체 누구의 발 길이를 써야 했을까? 왕의 발은 확실히 아니다. 그랬다가는 군주가 바뀔 때마다 토지 계약을 다시 맺어야 할 것이다. 쾨벨이 전하는 해법은 간단하고 명쾌하다. 예배를 드린 뒤 당시 상황으로는 모두 남성인 시민 대표 열여섯 명을 모아 앞사람 발꿈치에 발가락을 맞대고 한 줄로 세웠다. 이렇게 해서 얻은 줄의 길이가 발 열여섯 개에 해당하는 로드(rod)였다. 쾨벨이 직접 새긴 그림은 예술을 이용한 설명의 정수를 보여준다(**그림 1.7**).[13]

그림 1.7 법정 로드를 결정하는 모습. 쾨벨이 새겼다(Köbel 1522).

통계학을 떠받치는 일곱 기둥 이야기

이것이야말로 진정한 공동체 로드였다. 로드를 정하고 난 뒤에는 열여섯 구획으로 똑같이 나눴으므로 한 구획이 공동체 로드에서 나온 한 피트의 척도를 나타냈다. 기능적으로 보면 이 구획이 발길이 열여섯 개의 산술 평균이었지만, 책 어디에서도 산술 평균에 대한 언급은 없었다.

거의 이천 년 사이로 일어난 두 사례에는 공통의 문제가 있다. 비슷하지만 똑같지는 않은 측정 집합을 어떻게 요약할 것인가? 두 상황에서 이 문제를 다룬 방식을 보면 관측의 결합에 수반해 오늘날까지 이어지는 지적 어려움이 엿보인다. 고대와 중세에는 다양한 자료를 요약할 때 개별 사례 하나를 골랐다. 투키디데스의 이야기에서는 가장 많이 나타나는 개별 사례, 즉 최빈값을 골랐다. 다른 경우에도 값 하나를 고르기는 마찬가지였다. 아마도 눈에 띄는 예를 골랐을 것이다. 수치 자료인 경우 최댓값, 즉 기록 값(record value)을 고르기까지 했다. 시대와 상관없이 어느 사회든 가장 좋은 것을 전체 대표로 뽑내고 싶어하기 때문이다. 뚜렷한 근거 없이 어떤 개체나 값을 '최고'라고 뽑을 때도 있었다. 천문학에서는 '최고' 값 고르기가 관측자의 지식이나 관측할 때의 대기 상태를 나타내기도 했다. 하지만, 어떤 방식을 쓰든 적어도 자룻값 하나는 개별성을 유지했다. 쾨벨의 사례에서도 발 열여섯 개를 하나하나 강조했다. 당시 사람들은 그림에 나온 인물들이 누구인지도 알았을 것이다. 어찌 되었든 개인들이 모여 집단적으로 로드 값을 결정한다는 생각에는 설득력이 있었다. 개인의 정체성을 무시하지 않았기 때문이다.

정체성은 결정된 로드가 합법성을 얻게 되는 열쇠였다. 로드로 산출한 한 발의 척도가 진짜 평균이었기 때문에 더더욱 그랬다.

평균 인간

1800년대에 들어서자 천문학과 측지학에서 평균을 널리 썼고 1830년대에는 사회 전반에 걸쳐 평균을 썼다. 당시 벨기에 통계학자 아돌프 케틀레(Adolphe Quetelet)는 사회 물리학(Social Physics)이라고 직접 이름 붙일 분야의 발판을 마련하던 참이었다. 이때 인구 집단을 비교하고자 **평균 인간(Average Man)**이라는 것을 내놓았다. 처음에는 인구 집단을 비교하거나 시간에 따른 한 집단의 변화를 비교하는 도구로 생각했다. 평균 인간을 써서 영국 주민의 평균 키를 프랑스 주민의 평균 키와 비교하거나 특정 연령대의 평균 키를 시간을 두고 조사해 주민의 성장 곡선을 얻을 수 있었다. 그러므로 평균 인간은 한 명이 아니었다. 달리 말해 집단마다 평균 인간이 있었다. 물론 케틀레는 남자에만 초점을 맞추었으므로 여자는 하나의 수치로 변형하는 대상에 포함되지 않았다.[14]

　얼마 안 가 1840년대에 비평가가 평균 인간에 대한 생각을 공격했다. 앙투안 오귀스땡 꾸르노(Antoine Augustin Cournot)는 평균 인간이 기괴한 모습이리라 생각했다. 키와 몸무게, 나이가 인구 평균인 사람이 실제 있을 가능성은 극히 낮았다. 쿠르노는 직삼각형을 모아 변마다 평균을 낸다면 삼 각형이 모두 닮은꼴이지 않은 한 결과물은 직삼각형이 아니라고 꼬집었다.

물리학자 끌로드 베냐(Claude Bernard)도 비판을 보태 1865년에 이 런 글을 썼다.

> "생물학에 자주 응용하는 수학으로 평균이 있다. 의학과 생리학에 평 균을 쓸 경우 굳이 말하자면 반드시 오류가 생긴다. (…) 한 남성의 오 줌을 24시간 동안 모두 모아 섞어 평균을 분석한다면 존재하지 않는 오 줌을 분석한 결과를 얻는 셈이다. 허기질 때 나오는 오줌은 소화할 때 나오는 오줌과 다르기 때문이다. 이처럼 경악할 예를 한 생리학자가 생 각해 냈다. 이 학자는 온갖 나라 사람들이 드나드는 어느 철도역 소변 기에서 오줌을 모았다. 이렇게 하면 유럽인의 평균 오줌을 분석해 발표 할 수 있을 거라 믿었다니!"[15]

케틀레는 이런 비난에 굴하지 않았다. 비교 분석에서 집단을 대표하는 '전형'을 평균 인간이 잡아내므로 집단의 전형적 표본으로 쓸 수 있다고 주 장했다. 사실 그런 이유로 평균 인간 개념이 널리 이용됐고 때로 남용되기도 했다. 평균 인간을 비롯한 파생 개념은 자연 과학에서 쓰던 몇몇 방법을 사 회 과학에 활용하게 해주는 이론적인 구성이 되었다.

1870년대에 프랜시스 골턴은 평균이라는 발상을 한 단계 더 끌어올려 비정량 자료에 이를 적용했다. 엄청난 시간과 노력을 기울여 합성 초상화를 바탕으로 하여 '제네릭 이미지(generic images)'라는 것을 구성했다. 본질을 따지자면 집단 구성원 여러 명의 초상화를 겹쳐 해당 그룹의 평균 남녀를 나타내는 초상화를 만들어 냈다(**그림 1.8**).[16] 자매나 가족 사이에 얼굴이 비슷할수록 가족 특유의 얼굴 모양이 나타났다. 다른 집단으로도 실험을 이어 갔다. 실제에 더 가까운 초상화를 볼 수 있다는 희망으로 주화에 새겨진 알렉산드로스 대왕의 얼굴을 합성했고 범죄자 무리나 같은 질병을 앓는 환자들의 얼굴도 합성했다.

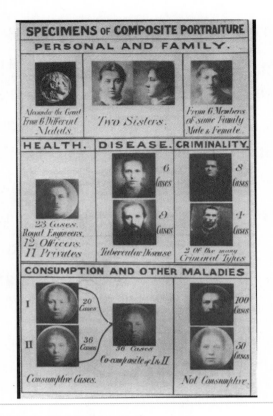

그림 1.8 골턴이 만든 합성 초상화 몇 점(Galton 1883)

골턴은 이런 초상화를 구성하면서 자제력을 발휘했고 일반(generic) 초상화에 한계가 있다는 것도 깊이 인식해 이렇게 적었다. "대상이 같은 일반 집단에 속하더라도 공통적인 요소 중심으로 모이지 않을 때는 어느 통계학자도 대상을 결합할 엄두를 내지 않는다. 다시 말해서 이종 요소를 써서 일반 초상화를 합성하려 해서는 안 된다. 그리하면 기괴하고 의미 없는 결과를 얻을 터이기 때문이다."[17] 하지만, 골턴의 추종자 가운데에는 그리 신중하지 않은 사람도 있었다. 미국 과학자 라파엘 펌펠리(Raphael Pumpelly)는 1884년 4월에 열린 미국 국립과학원(National Academy of Sciences) 회의에 참석한 사람들의 사진을 찍어 이듬해 결과를 발표했다. **그림 1.9**가 예로, 수학자(당시에는 수학자라는 말이 천문학자와 물리학자까지 포함했다.) 열두 명의 사진을 겹쳐 평균 수학자를 나타내는 합성 초상화를 만든 것이다.[18] 이 초상화가 골턴이 만든 범죄자 초상화만큼이나 험상궂어 보인다는 사실은 제쳐 놓더라도, 말끔히 면도한 사람들 위로 수염이 무성한 사람 두세 명과 팔자수염을 기른 사람 대여섯 명을 겹치면 한 주 내내 빗질을 안 한 사람처럼 보이는 전형이 나온다고 말할 수 있겠다.

그림 1.9 펌펠리가 수학자 열두 명으로 만든 합성 초상화(Pumpelly 1885)

통계학을 떠받치는 일곱 기둥 이야기

자료 집계와 지구 모양

1700년대 중반에는 측정 환경이 사뭇 다른 상황에까지 통계적 자료 축약을 확대해 사용했다. 사실 그런 상황에서는 과학자들이 통계를 써야만 했다. 가장 단순한 유형을 보여주는 주요 사례는 18세기에 진행하였던 지구 모양 연구이다. 처음 언뜻 보기에 지구는 구였다. 하지만, 천문학과 항해학이 갈수록 정밀해지자 의문들이 나타날 수밖에 없었다. 아이작 뉴턴(Isaac Newton)은 역학 측면에서 고려해 보면 지구가 극지방은 조금 눌리고 적도는 살짝 부푼 회전 타원체(oblate spheroid, 회전축이 단축)라고 주장했다. 프랑스 천문학자 도메니코 카시니(Domenico Cassini)는 지구가 양극 방향으로 긴 길쭉한 회전 타원체(prolate spheroid, 회전축이 장축)라고 생각했다. 위도가 다른 곳에서 지표면을 잰 다음 측정값을 비교하면 풀릴 문제였다. 적도부터 북극까지 여러 장소에서 상대적으로 짧은 호의 길이 A를 잰다. 이 호는 북극에서 적도까지 쭉 이어져 자오선 사분면이라 불렀던 선의 한 부분으로, 적도와 직각을 이룬다. 지표면을 따라 호 길이를 재어 양 끝점의 위도 차이로 나눈다. 그러면 위도 1°에 대한 호 길이가 나온다. 위도는 북극성과 지평선이 이루는 각도를 보고 알아냈다. 적도에서 멀어질수록 위도 1°에 대한 호 길이가 어떻게 바뀌느냐에 따라 문제가 판가름 날 터였다.[19]

회전 타원체(spheroid)에서는 타원 적분으로 호 길이와 위도의 관계를 구하지만, 짧은 거리에서는(꽤 짧은 거리일 때만 실측할 수 있었다.) 간단한 방정식으로 충분했다. A가 지표면을 따라 잰 위도 1°에 대한 호 길이라고 하자. L은 호의 중점에 해당하는 위도이고 이때도 북극성을 관측해 결정한다고 하자. 적도에서 L은 0°이고, 북극에서는 90°이다. 이때 짧은 호를 재면 값은 모두 $A=z+y\cdot\sin^2 L$에 적당히 근사해야 한다.

- 만약 지구가 완벽한 구라면 $y=0$이고 1°에 대한 호 길이는 모두 z이다.
- 만약 지구가 옆으로 살짝 부푼 회전 타원체라면(뉴턴이 맞는다면) $y>0$이고 호 길이는 적도에서 z이다가($\sin^2 0°=0$) 북극에서는 $z+y$로($\sin^2 90°=1$) 달라진다.
- 만약 지구가 위아래로 길쭉한 회전 회전체라면(카시니가 맞는다면) $y<0$이다.

y 값은 양수일 때 극점 초괏값, 음수일 때 극점 미달값으로 볼 수 있다. 구 모양에서 벗어난 정도를 나타내는 '타원율'은 대략 $e=y/3z$로 계산할 수 있다(때로 조금 더 정확하게 $e=y/(3z+2y)$를 쓰기도 한다.).

자료가 필요했다. 듣기에는 쉬워 보이는 문제로, 어느 위도든 두 곳에서 호 길이를 재면 된다. 한 곳은 적도, 한 곳은 로마 근처여도 괜찮다. 당시는 미터법을 쓰기 전이어서 측정 단위가 트와즈(Toise)였고 1트와즈는 약 6.39피트(1.95m)였다. 위도 1°의 호 길이가 약 70마일(112km)이라 실제로 재기에는 너무 길었다. 그러므로 더 짧은 거리를 측정해 1°의 호 길이를 추정했을 것이다. 1736년에 피에르 부게르(Pierre Bouguer)가 이끄는 프랑스 조사단이 현재 에콰도르 수도인 키토 근처에서 거리를 쟀다. 키토는 적도에 있었으므로 남북 방향 거리를 상대적으로 길게 측정할 수 있었다. 부게르가 발표한 바로는 $sin^2(L)=0$일 때 A는 56,751트와즈였다. 1750년에 예수회 학자 루저 요시프 보스코비치(Roger Joseph Boscovich)가 로마 근처에서 $1°$의 호 길이를 재니 $sin^2(L)=0.4648$일 때 A는 56,979트와즈였다. 따라서 두 방정식이 나온다.

$$56751 = z + y \cdot 0$$

$$56979 = z + y \cdot .4648$$

방정식은 쉽게 풀린다. $z=56751$이므로 $y=228/0.4648=490.5$이고 당시 표기했던 대로 $e=490.5/(3 \cdot 56751)=1/347$이다.

그런데 보스코비치(Boscovich)가 1750년대 후반에 지구 모양 연구를 보고서로 쓸 때 믿을 만한 호 길이 기록은 둘이 아니라 다섯 개였다. 측정 장소는 '키토(In America)', '로마(In Italia)', '파리(In Gallia)', '라플란드(In Lapponia)', 그리고 남쪽으로 아프리카 끝에 있는 '희망봉(Ad Prom. B. S.)'이었다.[20] 어디든 두 곳을 골라 풀면 해가 하나씩 나왔을 것이다. 따라서 자료를 본 보스코비치는 곤란한 상황에 직면했다. 해 열 개가 모두 달랐기 때문이다(그림 1.10, 그림 1.11).

Locus obser-vationis	Latitu-do o '	½ sin. vers.rad. 10000	Hexa-pedæ	Differ. a pri-mo	Differ. com-putata	Error
In America	0 0	0	56751	0	0	0
Ad Prom. B. S.	33 18	2987	57037	286	240	−46
In Italia	42 59	4648	56979	228	372	144
In Gallia	49 23	5762	57074	323	461	138
In Lapponia	66 19	8386	57422	671	671	0

그림 1.10 보스코비치가 사용한 다섯 곳의 호 길이 자료. 행을 현재 표현으로 바꾸면 호 i = 1에서 5일 때 위도 L_i, $\sin^2(L_i)[= \frac{1}{2}(1-\cos(L_i)) = \frac{1}{2}\text{versin}(L_i)]$, A_i (여섯 발(hexapedae)인 트와즈 단위로 잰 길이), 차이 $A_i - A_1$, 호 1과 호 5에서 나온 해로 계산한 차이 $A_i - A_1$, 두 차이의 차이이다. 희망봉의 $\sin^2(L)$ 값은 2,987이 아니라 3,014이어야 맞다(Boscovich 1757).

Binarium	Differ. in pol., & æqu.	Ellipti-citas	Binarium	Differ. in pol., & æqu.	Ellipti-citas
1, & 5	800	$\frac{1}{213}$	2, & 4	133	$\frac{1}{128}$
2, 5	713	$\frac{1}{239}$	3, 4	853	$\frac{1}{200}$
3, 5	1185	$\frac{1}{144}$	1, 3	491	$\frac{1}{347}$
4, 5	1327	$\frac{1}{128}$	2, 3	−350	$-\frac{1}{486}$
1, 4	549	$\frac{1}{314}$	1, 2	957	$\frac{1}{78}$

그림 1.11 보스코비치가 호를 열 쌍으로 조합해 푼 계산표. 쌍마다 극점 초과 값 y와 타원율 $e = 3y/z$를 구했다. (2, 4)와 (1, 2)의 타원율은 인쇄 오류로 1/1,282와 1/178이어야 한다. (1, 4)의 수치도 오류여서 560, 1/304여야 맞다(Boschovich, 1757).

보스코비치는 딜레마에 직면했다. 호 측정값 다섯 개로 얻은 결과가 모두 달랐다. 그렇다고 무턱대고 한 쌍을 골라 거기서 나온 해를 받아들여

통계학을 떠받치는 일곱 기둥 이야기

야 할까? 보스코비치는 그러는 대신 자료를 집계하는 완전히 새로운 방법을 고안해 원칙대로 측정값 다섯 개를 모두 반영한 해 하나를 얻었다. 보스코비치가 보기에 자료에서 가장 미심쩍은 요소는 호 측정이었다. 파리와 로마 주변의 숲부터 아프리카의 맨 끝, 라플란드의 얼어붙은 툰드라, 지구를 반 바퀴 돌아 에콰도르의 평야까지 측정 조건이 극히 까다로웠으므로 세심히 측정해야 했다. 게다가 다시 측정해 확인할 수도 없는 노릇이었다. 보스코비치는 $A=z+y\cdot\sin^2L$ 방정식 관점에서 문제를 생각해 보았는데, 선택한 z와 y 쌍에 따라 A도 결정되므로 관측이 방정식에 들어맞는다면 방정식으로 구한 A와 관측한 A 간의 차이는 관측한 A에 대해 조치해야 했던 조정 값으로 볼 수 있다고 추론했다. 선택한 z와 y가 A와 L의 평균에 들어맞는다고 가정할 때 z와 y 열 쌍 가운데 조정 값의 총 절댓값이 가장 적은 쌍은 어떤 것일까? 보스코비치는 최적 값을 찾는 기발한 알고리즘 즉 오늘날 선형 계획법 문제라 부르는 방법의 초기 사례를 보여주었다. 호 다섯 개에 이 방법을 써 얻은 답은 $z=56{,}751$, $y=692$, $e=1/246$이다.

이후로 50년 동안 다른 조건에서 잰 불일치한 측정값을 자료 집계 형식을 써서 조정하는 방법이 여럿 제안되었다. 가장 널리 쓰인 것은 최소 제곱법이었다. 형식상 관측 값의 가중 평균인 최소 제곱법은 복잡한 상황에서 둘 이상인 미지수를 결정할 때 다른 방법들보다 쉽게 확대 적용된다는 이점이 있었다. 최소 제곱법은 1805년에 아드리앙 마리 르장드르(Adrien

Marie Legendre)가 혜성 궤도 계산법을 설명한 책에서 처음 소개했다. 르장드르는 지구의 타원율을 계산하는 삽화 예제에서 프랑스 혁명 뒤 미터 길이를 정하고자 잰 측정값을 그대로 갖다 썼다.[21] 이 측정값에서 나온 타원율은 1/148로, 보스코비치가 계산한 값보다 훨씬 컸다. 하지만, 프랑스 안에서만 측정해 위도 범위가 겨우 10°로, 보스코비치 사례보다 작고 다른 값과도 일치하지 않았으므로 사람들은 적도부터 라플란드에 걸쳐 잰 이전 측정값보다 덜 적합하다고 보았다. 따라서 최종 미터는 다른 탐사대들이 잰 값을 혼합해 결정했다.

자료 집계는 간단한 덧셈부터 언뜻 봐서는 이해하기 어려운 현대 알고리즘까지 여러 형태를 띠어 왔다. 하지만, 개별 관측 하나하나를 모두 열거하는 대신 요약을 사용하고 정보를 선택적으로 버림으로써 정보를 얻으려하는 기본 원리는 예나 지금이나 마찬가지이다.

CHAPTER 2

정보 측정

정보 측정과 변화율

둘째 기둥인 정보 측정(Information Measurement)은 첫째 기둥과 논리적으로 이어진다. 관측을 결합해 정보를 얻는다면 이때 얻는 이득은 관측 수와 어떤 관계가 있는가? 또한, 정보의 가치나 획득에 대해 어떻게 평가할 수 있나? 이 또한 지성사가 흥미롭고 오래여서 고대 그리스까지 거슬러 올라간다.

그리스인은 무더기의 역설(paradox of the heap)을 잘 알았다. 모래 한 알로는 무더기가 되지 않는다. 아직 무더기는 아닌 모래 더미에 모래 한 알갱이를 보탠다고 해보자. 분명 달랑 한 알갱이를 더한다 해서 무더기가 되지는 않는다. 그렇지만, 모래를 쌓으면 어쨌든 모래 더미가 된다는 데도 누구나 동의한다. 이 역설은 대개 기원전 4세기 철학자 에우불리데스(Eubulides of Miletos)의 것이라고 본다. 5세기 뒤 의사이자 철학자인 갈렌(Galen)이 무더기의 역설을 통계와 관련한 문제로 제기했다. 갈렌은 어느 경험주의자와 교조주의자 사이에 벌어진 토론을 소개했다.[1]

교조주의자는 초기 의학 이론가였다. 따라서 논리에 따라 치료법을 처방했다. 이를테면 증상의 원인이 열이 모자라서인지 많아서인지를 따졌다. 그리고 결론에 따라 열을 내리거나 몸을 덥혔다. 몸에 독소가 쌓였는지를 따지기도 했다. 이때는 피를 뺀다거나 다른 방법으로 독소를 빼냈다.

경험주의자는 증거에 기반을 둔 의학 지지자였다. 따라서 치료에 확신이 서지 않으면 지난 기록을 살펴봤다. 피를 빼거나 몸을 덥히는 게 몇 번이나 효과가 있었는가? 이 치료가 예전에도 효과가 있었는가? 아니면 효과를 보이지 않았는가? 치료 효과가 있다고 뒷받침하는 증거가 충분히 쌓인 뒤에는 표준으로 받아들여도 좋았다. 달리 말해 그러기 전에는 의심을 거두지 않았다.

교조주의자는 무더기의 역설로 맞받아쳤다. 보편적 결론을 짓기에는 분명히 효과를 보인 사례 하나로 충분하지 않았다. 정도야 어쨌든 조금이라도 확신이 서지 않는다면, 효과가 나타난 사례를 하나 더 보탠다고 해서 어떻게 생각이 바뀌겠는가? 사례 하나만으로는 확신하지 않으려 할 것 아닌가? 하지만, 그렇다면 어떻게 증거가 쌓였다고 확신할 수 있단 말인가? 하지만, 교조주의자 말에 일리가 있다 해도 부인하지 못할 모래 더미가 있듯이 확신을 안기는 치료 기록이 있었다. 갈렌은 경험주의자의 주장을 지지했다.

그리고 의학 역사 내내 모인 증거는 확실히 그에 걸맞게 주목을 받았다. 하지만, 남은 문제가 있었다. 증거가 많은 게 적은 것보다 낫다 하더라도 얼마나 나은 걸까? 여기에는 아주 오랫동안 명확한 답이 없었다.

주화 표본 검정

제대로 된 답이 없어 생겨난 비용을 보여주는 사례로 주화 표본 검정을 생각해 보자.[2] 12세기 영국에는 강력한 단일 중앙 권력이 없었고, 이 때문에 화폐 정책이 시험대에 올랐다. 사실 왕이 있기는 했다. 하지만, 국왕 존은 왕권에 팽팽히 맞선 강력한 귀족들 몇 명에 굴복해 끝내 1215년 대헌장에 서명하여 왕권을 꽤 많이 내줬다. 이 시기(조금 먼저일지도 모른다. 초기 역사는 연대가 뚜렷하지 않다.) 상업에서는 널리 공인된 통화, 즉 폭넓게 인정받을 주화가 필요했다. 당시 영국의 주요 통화 발행처는 런던 조폐국이었고 1851년에 왕립 조폐국으로 바뀌기 전까지는 영국 국왕과 상관없이 운영되었다. 왕과 귀족들은 금이나 은 덩어리를 조폐국에 갖다 주고 대신 주화를 받아갔다. 조폐국이 주화를 제대로 찍어내는지 확실히 하고자 왕명으로 주화의 무게와 순도를 규정한 증서를 발행했다. 규정서는 조폐국이 규정 표준을 지켰는지 감독하도록 검정을 시행해 조폐국이 생산한 주화를 검사해야 한다고 못 박았다. 주화 표본 검정은 생산 과정에서 품질 유지를 감시하는 초기 사례였다.

런던 조폐국은 적어도 1200년대 후반, 어쩌면 그보다 한 세기 전부터 검정을 시행했다. 뒤에서 검정 과정을 세세히 설명하겠지만, 근거로 보아 현대에 들어서기 전까지 그리 바뀌지 않았다. 주화를 만드는 날마다 나중에 검정용으로 쓸 주화를 몇 개씩 골라 픽스(Pyx)라 부르는 상자에 넣었다. 엄밀히 말해 무작위로 선택하지는 않았지만, '치우치지 않고'나 '운에 따라'라는 설명이 나오는 것으로 보아 임의(무작위) 표본에서 아주 많이 벗어나지는 않았다. 픽스를 여는 간격은 다양했고(이를테면 1300년대에는 석 달이었다.) 이때에는 주화 정밀도에 이해관계가 있는 단체를 대표해 평가단이 참석했다. 이때에도 다시 한 번 주화를 골라 둘로 나눴다. 한쪽은 금의 순도를 분석할 용도였고 한쪽은 무게를 검정할 용도였다. 둘 중 통계적으로 매우 흥미로운 부분은 무게 검정이다.

동전마다 무게가 어느 정도 다를 수밖에 없다는 것을 이해관계자 모두 알았으므로 규정서에 목표 무게(T라 표시)와 '공차'(remedy, R이라 표시)라 이름 붙인 용인된 허용량을 함께 명시했다. 무게가 T-R보다 적으면 조폐국장은 그에 걸맞은 대가를 치러야 했다. 이전 검정 이후로 주조한 양에 비례해 모자란 만큼을 주화로 내놓기도 했지만, 초창기에는 손목을 잘리거나 더한 일을 당하기도 했다. 무게가 너무 많이 나가도 문제였다. 약삭빠르고 거리낌 없는 사업가들이 주화를 유통하지 않고 녹여 금덩이나 은덩이로 만들 터이기 때문이다. 하지만, 조폐국이 무거운 동전을 만들어 봤자 이득일 리 없었으므로 무게가 덜 나가는지를 가려내는 데 집중해 검정했다.

　무게는 묶음 단위로 쟀다. 아마도 주화 하나하나를 재면 손이 많이 갈 뿐 아니라 무게를 잘못 잴 가능성이 묶음으로 쟀을 때보다 더 크다는 것을 어렴풋이나마 알았기 때문일 것이다. 가령 금화 100개를 한 묶음으로 재면 목표 무게는 분명히 100T여야 한다. 그런데 공차는 얼마여야 할까? 당시 사람들은 흥미로운 선택을 한다. 이럴 경우 공차를 간단히 100R로 정했다. 따라서 조폐국은 금화 한 묶음이 100T-100R보다 덜 나갈 때만 검정에 통과하지 못했다. 하지만, 현대 통계 이론으로 따지면 이것은 잘못이다. 조폐국에 지나치게 많이 너그럽기 때문이다. 너무 낮은 기준이라서 조폐국장이 약삭빠르게 T-0.5R이나 심지어 T-0.8R까지 목표 무게를 낮춰 주조해도 검정에 통과하지 못할 위험이 사실상 아예 없었다. 주화 무게가 독립적으로 다를 때 즉 주화 무게가 통계적으로 서로 무관하게 변동할 때 주화 100개 묶음당 알맞은 공차는 100R이 아니라 10R이다. 주화 무게가 통계적으로 독립일 때 변동은 주화 개수의 제곱근만큼 증가한다. 독립 변동이 순진한 가정일지 모르지만, 얻어진 결과는 100R보다 확실히 앞서 말한 사실에 더 가까웠다. 1866년에 나온 자료를 보면 주화 하나당 공차를 대략 표준 편차의 두 배로 잡았다. 즉, 동전 100개 한 묶음당 공차를 표준 편차의 스무 배로 잘못 잡았던 것이다. 한 묶음에 천 개 넘는 동전을 재는 검정도 더러 있었다. 이에 따른 검정에서는 조폐국이 목표 무게를 T-R보다 조금만 높게 잡으면 관료 누구나 바라던 만큼 안전했을 것이다.

19세기에 영국 의회가 조폐국을 조사하면서 관리들에게 목표 무게를 낮춰 주조하는지 물었다. 관리들은 장담하기를 프랑스인들은 그렇게 하지만, 자기들은 결코 그런 짓을 하지 않는다고 답했다. 물론 주화 표본 검정 초기에는 손꼽히는 수학자들도 n이 동전 개수일 때 n의 제곱근 법칙을 알지 못했다. 사실 웬만한 수학자보다 뛰어난 조폐국장이 한 명 있었다. 바로 아이작 뉴턴(Issac Newton)이다. 뉴턴은 1696년에 조폐국 감사를 맡았고 이후에는 조폐국장에 올라 1727년까지 일했다. 1727년 사망할 때 뉴턴은 꽤 많은 재산을 남겼다. 하지만, 투자로 부를 쌓은 증거가 뚜렷하므로 조폐국의 검정 과정에 허점이 있는 것을 알고서 사사로이 이용했다는 의심을 할 이유는 없다.

아브라함 드 무아브르

독립인 항의 수를 늘리는 데 비례해 합계에 대한 변동이 늘어나지 않는다는 사실, 거기에 더해 평균의 표준 편차가 항의 수에 반비례해 줄어들지 않는다는 사실을 처음으로 인식한 때는 1700년대로 거슬러 올라간다. 1720년대에 아브라함 드 무아브르(Abraham de Moivre)는 대규모 검정에서 이항 확률을 정확히 계산할 방법을 찾고 있었다. 그러다 정확성을 알려주는 정보가 늘어나는 자료에 비례해 쌓이지 않는다는 새로운 통찰력을 깨달았다. 드 무아브르는 오늘날 이항 분포에 대한 정규 근사라 부르는 유명한 결과를 1733년에 도출하지만, 벌써 1730년에 분포의 결정적 측면이 n의 제곱근 편차와 엮여 있다는 것을 알았다.[3] 이항 도수(빈도) 함수가 곡선을 이룬다고 가정할 때 분포의 범위를 결정한다고 볼 수 있는 변곡점은 $\frac{\sqrt{n}}{2}$과 $-\frac{\sqrt{n}}{2}$에서 나타난다.

드 무아브르도 이것이 함축하는 의미를 명확히 알았다. 그 예로 라틴어 초고에 내용을 추가해 영어로 옮긴 정규 근사에 대한 다섯 번째 따름 정리(corollary)를 1738년에 나온 《확률론(The Doctrine of Chances)》 2판에 추가하면서 비록 이름을 밝히지는 않았어도 표준 편차를 다루었다. 이때 두 변곡점 사이의 구간은 n이 클 경우 약 28/41, 즉 전체 확률 0.682688에 해당하고, 더 좁은 구간인 $\pm\frac{\sqrt{2n}}{4}$ 사이는 약 0.5에 해당하리라고 적었다(**그림 2.1, 그림 2.2**).[4] 확실성을 따지는 기준으로 68%이든 50%이든 (아니면 90%이든 95%이든 그도 아니면 최근 발견한 힉스 입자에서처럼 99.9999998%이든) 어떤 것을 적용하더라도 추정 정확도는 검정 횟수의 제곱근에 따라 달라졌다.

COROLLARY 5.

And therefore we may lay this down for a fundamental Maxim, that in high Powers, the Ratio, which the Sum of the Terms included between two Extreams diſtant on both ſides from the middle Term by an Interval equal to $\frac{1}{2}\sqrt{n}$, bears to the Sum of all the Terms, will be rightly expreſs'd by the Decimal 0.682688, that is $\frac{28}{41}$ nearly.

Still, it is not to be imagin'd that there is any neceſſity that the number n ſhould be immenſely great; for ſuppoſing it not to reach beyond the 900ᵗʰ Power, nay not even beyond the 100ᵗʰ, the Rule here given will be tolerably accurate, which I have had confirmed by Trials.

But it is worth while to obſerve, that ſuch a ſmall part as is $\frac{1}{2}\sqrt{n}$ in reſpect to n, and ſo much the leſs in reſpect to n as n increaſes, does very ſoon give the Probability $\frac{28}{41}$ or the Odds of 28 to 13; from whence we may naturally be led to enquire, what are the Bounds within which the proportion of Equality is contained; I anſwer, that theſe Bounds will be ſet at ſuch a diſtance from the middle Term, as will be expreſſed by $\frac{1}{4}\sqrt{2n}$ very near; ſo in the caſe above mentioned, wherein n was ſuppoſed $= 3600$, $\frac{1}{4}\sqrt{2n}$ will be about 21.2 nearly, which in reſpect to 3600, is not above $\frac{1}{169}$th part: ſo that it is an equal Chance nearly, or rather ſomething more, that in 3600 Experiments, in each of which an Event may as well happen as fail, the Exceſs of the happenings or failings above 1800 times will be no more than about 21.

그림 2.1 《확률론》 2판에서 발췌한 드 무아브르의 다섯 번째 따름 정리. 마지막 문단은 1733년에 지인들에게만 공개한 라틴어판 초고에 덧붙인 내용이다(De Moivre 1738).

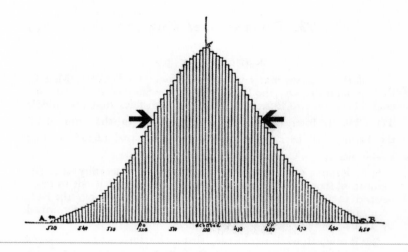

그림 2.2 드 무아브르가 1730년에 말한 두 변곡점을 1840년대에 케틀레가 그린 $n=999$인 대칭적 이항 분포도에 겹쳐 나타낸 그림

1810년에 피에르 시몽 라플라스(Pierre Simon Laplace)가 드 무아브르의 연구 결과를 더 일반적인 형태로 증명했다.[5] 바로 오늘날 중심극한정리(Central Limit Theorem)라 부르는 것이다. 드 무아브르가 이항 시행의 성공 횟수가 정규 곡선으로 근사하게 될 거라고 추론했던 것에 대해 드 무아부브르는 개별 관측이나 관측 오차가 어떤 분포를 따르든 주화 표본의 무게 측정 같은 관측의 합계나 평균이 정규 분포를 따르리라는 같은 결론에 이르렀다. 증명이 아주 철저하지는 못한 데다, 1824년에는 시메옹 드니 푸아송(Siméon Denis Poisson)이 오늘날 코시 분포라 부르는 예외 사례를 찾아냈다. 하지만, 여러 상황에서 결과가 바뀌지 않았으므로 수리과학자 사이에 이 현상을 인정하는 이가 빠르게 늘었다.

얄궂게도 라플라스가 결론을 맨 처음 발표한 판본에 오자가 있었다. n 의 제곱근이 있어야 할 자리에 n이 있었다(그림 2.3). 하지만, 2년 뒤 책으로 출간할 때는 오자를 바로잡았다.

SUPPLÉMENT AU MÉMOIRE

Sur les approximations des formules qui sont fonctions de très-grands nombres.

Par M. Laplace.

J'ai fait voir dans l'article VI de ce Mémoire, que si l'on suppose dans chaque observation, les erreurs positives et négatives également faciles; la probabilité que l'erreur moyenne d'un nombre n d'observations sera comprise dans les limites $\pm \frac{rh}{n}$, est égale à

$$\frac{2}{\sqrt{\pi}} \cdot \sqrt{\frac{k}{2 k'}} \cdot \int dr. \, c^{-\frac{k}{2 k'} \cdot r^2}$$

h est l'intervalle dans lequel les erreurs de chaque observation peuvent s'étendre. Si l'on désigne ensuite par $\varphi\left(\frac{x}{h}\right)$ la probabilité de l'erreur $\pm x$, k est l'intégrale $\int dx. \, \varphi\left(\frac{x}{h}\right)$ étendue depuis $x = -\frac{1}{2}h$, jusqu'à $x = \frac{1}{2}h$; k' est l'intégrale $\int \frac{x^2}{h^2}. \, dx. \, \varphi\left(\frac{x}{h}\right)$, prise dans le même intervalle : π est la demi-circonférence dont le rayon est l'unité, et c est le nombre dont le logarithme hyperbolique est l'unité.

Supposons maintenant qu'un même élément soit donné par n observations d'une première espèce, dans laquelle

---

그림 2.3 라플라스가 중심극한정리를 처음으로 명확히 언급한 대목. 오늘날 e를 쓰는 자리에 c를 썼다. k'/k 는 분산일 것이다. 적분은 평균 오차가 주어진 극한(동그라미 부분)을 넘지 않을 확률에 같게 하려는 의도였 다. 하지만, 분모 n은 $\sqrt{n}$ 이어야 맞다(Laplace 1810).

n의 제곱근 법칙에 담긴 결론은 실로 놀라웠다. 연구의 정확성을 두 배로 높이고 싶다면 두 배 더 노력하는 것으로는 모자랐다. 네 배 더 노력해야만 했다. 더 자세히 아는 데 들어가는 비용이 일반적으로 생각한 것보다 훨씬 더 컸다. 야코프 베르누이(Jacob Bernoulli)는 명저 《추론술(Ars Conjectandi)》을 쓰다가 받아들일 만하다고 생각하는 정확도를 확보하려면 보아하니 시험을 무려 26,000번이나 시행해야 하는 것을 깨닫고서 작업을 멈췄다. 당시에는 n의 제곱근 법칙이 알려지지 않았으므로 베르누이는 자기가 바라는 정확도를 실제로 달성하기 어렵다는 것을 알 수가 없었다.[6] 시간이 흐르면서 통계학자들은 더 낮은 정확도에 만족해야 하는 현실을 깨우치고서 기대치를 조정했고, 그러면서 줄곧 오차나 변동에 대한 축적을 더 깊이 알아보려 했다. 이는 수학계의 오랜 관행과 상반되었다. 수학자들은 수학적 연산이 이어질 때 단계마다 생겨나 연산을 이어 갈수록 늘어나는 최대 오차를 계속 파악했다. 이와 달리 통계학자들은 오차를 알맞게 보상했으므로 연산을 이어 갈수록 오차가 상대적으로 줄었다.

개량, 확장, 역설

19세기 중반에는 n의 제곱근 법칙이 정교하게 다듬어졌다. 1861년에 영국 천문학자 조지 에어리(George Airy)가 《관측 오차와 관측의 결합에 관한 대수론 및 수치론에 대하여(On the Algebraical and Numerical Theory of Errors of Observations and the Combination of Observations)》라는 작은 교재를 펴냈다. 이 책에 '얽힌 관측(entangled observations)'을 다룬 섹션이 있다. '얽힌'이란 몇몇 관측에서 공통적인 성분이 있어 오늘날 표현으로는 상관관계가 있다는 뜻이었다.[7] 에어리는 도출한 추정 값의 분산에 이 관계가 미치는 영향을 보여주었다. 이것은 상관이 자료의 정보량에 미치는 영향을 이해하도록 돕는 한 걸음이 되었다.

1879년에는 미국의 박학다식한 철학자 찰스 S. 피어스가 한 걸음 더 나아가 '연구 경제론(The Theory of the Economy of Research)'이라는 짧은 원고를 펴냈다. 피어스가 밝힌 목표는 이랬다. "경제 정책은 대개 효용과 비용의 관계를 다룬다. 이런 연구와 관련된 분과에서 우리가 아는 지식의 확률 오차를 줄이는 데 들어가는 비용과 효용의 관계를 고찰한다. 이때 큰 문제는 주어진 돈과 시간, 열정으로 어떻게 가장 값어치 있는 지식을 추가로 얻어낼 것이냐이다."[8]

피어스는 이 목표를 효용론의 문제로 제기했다. 표준 편차가 다른 실험 두 개가 있다고 해보자. 에어리가 생각했던 혼재형(근본적으로는 분산 성분 모형)으로, 둘 다 필수적인 정보를 제공한다면 어떻게 해야 노력을 최적화할 수 있을까? 중력을 측정하는 특정 사례인 가역 진자 실험에서 무거운 쪽이 위로 가게 하는 실험과 아래로 가게 하는 실험에 시간을 어떻게 할당해야 하는가? 여기에 최적화 문제가 있었다. 여기에서 최적화 기준은 상관관계가 있는 관측에서 정보를 얻는 정도를 평가하는 확실한 측도였다. 피어스가 알아보니 실험이 위치마다 같은 주기로 수행해야 하는 데다 실험 지속 시간은 '질량 중심에서 받침점까지 거리에 비례'해야 했다. 피어스는 원고 마지막에 이런 주의를 실었다. "분명히 밝히건대, 여기에 제시한 이론은 연구 목적이 진실을 알아내는 것이라는 가정에 달렸다. 명성을 얻고자 연구할 때는 문제의 경제성이 사뭇 다르다. 그런데 보아하니 이런 연구에 참여하는 이들이 이 사실을 아주 잘 아는 듯하다."[9] 아마도 피어스가 빈정거린 사람들은 글을 읽으면서 자기 이야기인 줄 눈치챘을 것이다.

아무튼, 1900년에 이르러 자료에 담긴 정보를 측정할 수 있고, 상황에 따라 정밀해질 수도 있는 방법으로 정확도와 자료량이 연관된다는 생각이 명확히 자리 잡았다. 하지만, 이견이 없었으리라고 생각한다면 오산이다. 짐작하건대 여전히 많은 사람이 먼저 관측한 자료 20개만큼이나 뒤에 관측한 자료 20개가 가치 있다고 믿었다. 게다가 저명한 출간물들이 내놓은 훨씬 더 극단적인 주장은 흥미롭게도 정반대 방향을 지지했다. 이 주장에 따르면 어떤 상황에서는 관측 두 개가 있을 때 둘을 평균하기보다 하나를 버리는 게 나았다. 그리고 설상가상으로 이 주장이 옳기까지 했다.

케임브리지 대학의 논리학자 존 벤(John Venn)이 1878년에 프린스턴 신학대 학술지 "프린스턴 리뷰(Princeton Review)"에 실은 논문에서 그런 상황을 이렇게 그렸다. 어느 함장이 적의 요새를 함락할 계획으로 스파이 두 명을 침투시켜 요새에 있는 대포가 몇 구경짜리인지 알아 오게 한다. 크기가 맞는 대포알을 미리 준비해 요새를 다시 뺏기지 않게 방어하려는 속셈이었다. 한 스파이는 구경이 8인치라고 보고하고 한 스파이는 9인치라고 보고한다. 그렇다면 선장은 8.5인치짜리 대포알을 들고 요새로 가야 할까? 어림도 없는 소리다. 8.5인치 대포알은 대포가 8인치든 9인치든 쓸모없을 것이다. 그러니 평균을 내 확실히 실패하느니 차라리 동전을 던져 한쪽을 선택하는 게 낫다.[10]

문제는 이 장에서 다룬 다른 모든 사례 뒤에 있는 표본 분석이 암묵적으로 적합하다고 가정하는 정확도 측도가 제곱근 평균 제곱 오차나 대신해서 흔히 쓰는 값인 추정 값의 표준 편차라는 것이다. 관측 값이 목푯값 주변으로 정규 분포한다면 타당한 정확도 측도가 모두 일치해 제곱근 평균 제곱 오차와 같을 것이다. 하지만, 벤이 제시한 예는 그런 유형이 아니다. 벤에 따르면 추정 값이 목표 값에 아주 가까워야 가치가 높고 좁은 실제 구간을 조금이라도 벗어나면 크게 벗어나든 적게 벗어나든 마찬가지로 불이익이 있다. 벤에게는 추정 값이 목표 값에서 아주 작은 수 ε만큼 떨어져 있을 확률이 적합한 측도였을 것이다. 따라서 벤에게 구경 C를 추정하는 값 E를 고르는 일은 $P\{|E-C| \leq \varepsilon\}$를 최대로 만드는 것이었다. 프랜시스 에지워스(Francis Edgeworth)도 생각이 같았으므로, 1883년에 쓴 짧은 원고에서 벤이 제시

한 이산 사례 말고도 '무작위로 관측 하나를 골라내 버리는' 해결 방법이 평균을 산출하는 것보다 나은 경우가 있다는 것을 보였다. 에지워스는 이런 역설을 보여주는 오차 분포 한 부류를 예로 들었고, 적률이 모두 유한한 연속 단봉 밀도 몇 개도 수록했다.[11] 이 밀도는 최빈값에서 평소보다 더 뾰족했지만, 터무니없이 뾰족하지는 않았다. 정보를 측정하려면 분명히 연구 목적에 주의해야 했다.

20세기에는 n의 제곱근 법칙이 들어맞지 않는 덜 별난 사례들이 주목을 받았다. 한 부류는 시계열 모형이었다. 시계열 모형에서는 계열 상관 때문에 효과적인 표본 크기가 모형에 그려진 측정점 수보다 훨씬 줄어드는데, 자료 분석가가 이를 알지 못하면 계열 상관에 속아 이목을 끄는 뚜렷한 패턴을 만들기도 한다. 게다가 반복 횟수가 제한된 연구에서는 주기성이 없는 구조에서마저 주기성이 나타나기도 했으므로 주기성을 찾아냈다고 착각하게 했다. 1980년대에 탁월한 지구 물리학자 두 명이 소형 해양 생물체가 2,600만 년 주기로 멸종하는 증거를 찾아냈다고 생각했다. 사실이라면 지구 바깥에 원인이 있으리라는 신호였다. 어떤 가설에서는 우리 눈에 보이지는 않지만, 쌍둥이 태양이 하나 더 있어서 2,600만 년마다 복사에너지를 쏟아붓는다고도 했다.

사람들은 흥분의 도가니에 빠졌다. "타임"지에 표지기사로 실렸고 몸이 단 과학자들은 다른 통계 증거를 찾아 나섰다. "구하라. 그러면 얻을 것이다."라는 지침이 없는 자료 분석에 잘 들어맞는 말이다. 지구 자기장이 비슷한 주기로 역전한다거나 다른 미심쩍은 주기를 주장하는 논문들이 나왔다. 마침내 드러난 사실은 이랬다. 멸종률을 알아내려고 찾아낸 첫 징후가 실제로 주기성을 조금 띠기는 하지만, 죽음의 별이 지나가서가 아니라 자료가 인위적이어서였다. 자료는 지난 2억 5천만 년에 대한 지질학적 연대에 맞추어져 있었다. 절반에 이르는 기간에서 어떤 연대가 있었는지는 정확히 밝혀냈지만, 연대의 시기는 밝혀내지 못했다. 따라서 연대표 작성자들은 1억 2,500만 년에 걸친 시간을 20개 구간으로 나눠야 했고 각 구간은 평균 625만 년이었다. 하지만, 뒷자리를 나타내면 조금이라도 정확도가 과장될까 봐 기간을 600, 600, 600, 700, 600, 600, 600, 700, 600, 600, 600, 700, 600, 600, 600, 700, 600, 600, 600, 700만 년 구간으로 나누었다. 이렇게 인공 주기를 만든 탓에 분석이 줄곧 영향을 받아 처음에 사람들을 흥분의 도가니에 빠뜨린 주기가 나타났다.[12]

　　정보 축적의 역설, 달리 말해 모든 측정값이 똑같이 정확하더라도 뒤에 잰 측정값 10개가 먼저 잰 10개보다 덜 가치 있다는 말은 통계학과 과학에서 **정보(Information)**라는 용어를 달리 사용할 때, 그리고 어느 정도는 잘못 사용할 때 두드러진다. 그런 예로 통계 이론에서 쓰는 용어 **피셔 정보 (Fisher Information)**가 있다. 모수 추정 문제에서 가장 단순한 형태인 피셔 정보 $I(\theta)$는 점수 함수를 제곱한 값의 기댓값이고,[13] 자료에 대한 확률 밀도

함수의 로그 도함수로 정의한다. 즉, $I(\theta)=E[d \log f(X, X, …, X;\theta)/d\theta]^2$이다. (직관적으로 보기에 자료의 확률이 θ에 따라 급변한다면 도함수가 커지는 경향을 보일 것이고, 확률이 θ에 민감할수록 자료는 더 많은 정보를 유추하게 해줄 것이다.) 이것은 통계적으로 놀라운 구성이다. 폭넓게 적용할 수 있는 조건에서 피셔 정보의 역은 바랄 수 있는 가장 정확한 추정 값의 분산을 찾아주고, 그래서 그런 상황에서 자료 집계로 얻을 정보에 적용할 황금 잣대를 정하기 때문이다. 하지만, 정보 축적을 평가하는 관점에서 보면 단위를 틀리게 표현하므로 길을 잘못 들게 할 수 있다. 피셔 정보의 단위 크기는 제곱이다. 가산 측도(additive measure)이므로 자료 구간의 길이가 같으면 정보량도 같다. 피셔 정보는 n의 제곱근 법칙과 일치한다. 따라서 제곱근만 구하면 된다.

1940년대에 클로드 섀넌(Claude Shannon)도 정보를 재는 또 하나의 가산 측도를 하나 소개했다. 섀넌은 통계와 사뭇 다른 부호화와 신호 처리 문제를 다루었다. 이런 문제에서 섀넌은 따질 것도 없이 측도가 가산적이라고 여겼다. 전송해야 할 신호에 제한이 없는 데다 전송되는 내내 정보가 같도록 부호화되었기 때문이다. 통계학자가 검토하는 자연과학과 인문학 문제에서는 자료 집합의 크기가 선형이지 않은 척도에서만 가산성을 유지할 수 있다.

정보 축적을 통계적으로 평가하는 일은 매우 복잡할지도 모른다. 하지만, 상관과 과학적 목표에 주의 깊게 관심을 기울였기에 자료에 담긴 정보 (다른 자료 집합과 비교한 정보나 자료 증가에 따른 정보의 증가율)를 측정하는 일은 통계학의 기둥이 되었다.

CHAPTER 3

가능도

확률 척도의 보정

맥락이 없는 측정은 그저 숫자, 아무 의미 없는 숫자일 뿐이다. 우리는 맥락에 기대서 척도를 얻고, 보정에 도움을 받고, 비교할 수 있어진다. 물론 맥락 없는 숫자를 날마다 보기는 한다. 이를테면 타블로이드 신문에서는 어떤 공통 특징이나 현상을 숫자로 묘사하고서 독자가 놀라거나 재미있어 할 만한 예를 두서너 개 덧붙인다. 심지어 권위 있는 과학 저널 "사이언스" 지마저 이런 장치를 썼다. 2011년 8월 5일 판에 실린 논문 하나를 보자.

"42,000: 소아 지방 변증(셀리악병)으로 사망하는 전 세계 어린이 숫
자, "플로스 원(PLoS ONE)"에 실린 연구에 따름."

겉보기에 문제가 있는 통계이다. 정말 그럴까? 대상 기간이 얼마일까? 1주일? 1년? 10년? 이 수치는 큰 걸까 적은 걸까? 어쨌든 세계 인구가 약 70억 명이고, 그 가운데 20억 명이 어린이다. 세계 소아 사망 원인 목록 가운데 이 수치는 어디쯤 있을까? 나라마다 발병률이 같을까? 게다가 42,000은 상당한 어림수다. 정확한 수치가 아닌 게 확실하다. 오차 확률은 얼마일까? 10%? 50%? 그도 아니면 100%? 플로스 원을 살펴보니 답과 함께 골치 아픈 정보가 나왔다.[1] 수치는 연간 사망자였다. 그런데 특이하게도 미확진 사례 수를 추정하려 만든 수학적 모형에서 추측한 수치일 뿐이었다. 더구나 논문은 42,000명이 죽는다고 쓴 게 아니라 "42,000명이 죽을지도 모른다."라고 썼다. 둘은 완전히 다른 문제다. 42,000이라는 수치는 자료를 바탕으로 삼지 않았다. 사실 플로스 원에 실린 논문은 '전 세계를 대표하는 역학 자료가 심하게 부족'하다고 언급한다. 논문은 모형을 고쳐 찾은 범위 값(±15%)을 검토하지만, 모형이 실패할까 봐서 범위를 언급하지 않는다. 논문에서는 사용한 모형이 "상대적으로 조악하다."라고 평한다. 플로스 원은 맥락을 알려준다. 그런데 "사이언스"지는 그러기는커녕 우리를 대단히 잘못된 길로 이끈다.

측정은 비교에 쓸 때만 도움이 된다. 맥락은 이런 비교에 쓸 바탕, 그러니까 상호 비교에 쓸 기준선(baseline)이나 기준점(benchmark), 측도 집합(set of measures)을 제공한다. 기준이 상식에 바탕을 두어 겉으로 드러나지 않을 때도 더러 있다. 이를테면 어느 날 발표된 기온을 보고 현지 지식과 지난 경험에 연관 지어 볼 수 있다. 하지만, 소아 지방 변증에 따른 소아 사망에서처럼 기준으로 삼을 상식이 없는 때도 잦다. 어느 경우든 과학에서는 상식 말고도 다른 것이 있어야 한다. 즉, 실제 자료여야 하고 출처가 분명해야 하고 차이 규모를 평가할 측정 척도가 있어야 한다. 평가한 차이는 주목할 만한가 아니면 그렇지 않은가?

정기적으로 물리량을 측정한 초기 사례는 앞서 2장에서 다룬 주화 표본 검정이었다. 이 검정은 1100년경 시작할 때부터 무게 기준을 규정서에 못 박았다. 계약에 기반을 둔 기준이었다. 검정용 금속판을 써서 순도 기준을 나타내고 특별히 그런 목적으로 검정용 표본 하나를 런던 탑에 보관했다. 주화 표본 검정에는 차이를 평가하는 척도도 있었다. 오늘날 허용 수준이라 부르는 '공차(remedy)'다. 공차는 협상으로 정했다. 하지만, 주조 과정에서 생기는 변이를 자료로 공식 평가하여 조금이라도 형식을 갖춰 도출했다는 흔적은 없다. 그러므로 앞서 보았듯이 적용 방식에 결함이 있었다.

아버스넛과 유의성 검정

현대 통계학에서는 적어도 차이를 평가할 때만큼은 확률 측도(probability measure)를 쓴다. 형태는 몇 백 년 전에 기원한 통계 검정일 때가 많다. 검정 구조는 보기에 단순하고 간단한 질문이다. 즉, 수집 자료가 이론이나 가설에 부합하는가, 모순인가? 가능도(Likelihood)라는 개념은 이 질문에 답을 줄 열쇠이고, 그래서 통계 검정을 구성할 때 빼놓을 수 없다. 이런 검정에서 나오는 질문에 답을 얻으려면 여러 다른 가설들 아래서 자료의 확률을 비교해야 할 것이다. 초기 사례에서는 확률 하나만을 계산했으므로 비교가 겉으로 드러나지 않고 내재되어 있었다.

도발적인 글쓰기로 유명했던 존 아버스넛(John Arbuthnot)은 1712년에 펴낸 《소송은 밑 빠진 독(The Law Is a Bottomless Pit)》이라는 풍자 글에서 전형적인 영국 사람 존 불(John Bull)을 만들어 냈다. 조너선 스위프트(Jonathan Swift), 알렉산더 포프(Alexander Pope)와는 허물없는 친구여서 포프가 아버스넛에게 보낸 유명한 풍자 편지 '아버스넛 박사에게 보내는 서한(An Epistle to Dr. Arbuthnot)'에서 조지프 애디슨(Joseph Addison)을 비난하느라 치켜세우는 척하면서 깎아내린다는 뜻인 숙어 'damn with faint praise'를 알리기도 했다. 아버스넛은 의학도 배워 1705년부터 1714년까지 앤 여왕의 주치의를 맡았다. 이뿐 아니라 수학도 배워 수학자로서 유명한 업적 두 가지를 남겼다. 첫째 업적은 1692년에 발표한 확률을 다룬 소논문이다. 내용 대부분이 1657년에 크리스티안 하위헌스(Christiaan Huygens)가 발표한 라틴 어 논문을 그대로 영어로 옮긴 것이지만, 확률을 다룬 영어 출판물로는 시기가 빠른 축에 든다. 둘째 업적은 1710년에 영국 왕립학회에서 발표한 짧은 원고로, 뒤이어 왕립학회지에 실렸다. 제목은 '남녀 출생에서 관찰한 끊임없는 정칙성으로 본 신의 섭리에 대한 논쟁(An Argument for Divine Providence, Taken from the Constant Regularity Observ'd in the Births of Both Sexes)'이다.[2] 오늘날 유의성 검정의 초기 사례로 자주 언급되는 원고다.

아버스넛은 남성(M)과 여성(F)의 인구에서 관측한 균형이 우연일 리 없으므로 틀림없이 신의 섭리가 낳은 결과라고 주장했다. 주장은 두 부분으로 나뉜다. 첫째 주장에서는 만약 성별이 공정한 양면 동전을 던지듯이 결정된다면 정확한 균형은 고사하고 균형에 근사하는 일도 극히 있을 것 같지 않다는 것을 수학적으로 보였다. 아버스넛은 성별이 정확히 균형을 이룰 가능성을 계산했다. 두 명일 때 MF나 FM일 확률은 1/4+4/1=1/2였고, 여섯 명일 때 20/64=0.3125, 열 명일 때 63/256으로 1/4이 못 됐다. 로그를 쓰면 인원을 엄청나게 많이 늘릴 수 있을 터이므로, 분명히 확률이 아주 낮게 나오리라고 언급했다. 모두 맞는 말이었다. 공정한 동전을 $2n$번 던질 때 앞면과 뒷면이 정확히 반씩 나올 가능성은 다음 표에서 보듯이 $c = \sqrt{\dfrac{2}{\pi}} = 0.8$일 때 대략 $c\sqrt{n}$이다.

동전을 던진 횟수	정확히 균형을 이룰 확률
2	0.50
6	0.31
10	0.25
100	0.08
1,000	0.025
10,000	0.008

아버스넛은 정확도를 낮춰 균형에 근사하는 것까지 균형이라고 정의를 넓히더라도 균형을 이룰 가능성이 여전히 낮으리라고 주장했다. 이 경우 어디까지를 **근사하다(approximate)**고 보느냐가 중요한 문제였지만, 계산에 필요한 수학은 몇 년 뒤에야 나올 참이었다. 그러나 어쨌든 아버스넛이 역사에 발자국을 남기게 된 것은 둘째 주장 때문이었다.

아버스넛은 런던의 사망자 통계표(the bills of mortality, **그림 3.1**)에서 82년 동안 남성이 여성보다 많이 태어났다는 사실을 살펴보고서 그런 연속이 일어날 가능성은 2^{82}번에 달랑 1번뿐이라는 것을 밝혔다(런던 사망자 통계표는 유아 세례자 수도 함께 기록했다: 옮긴이). 가능성은 받아들이기에 너무 작은 1/4,836,000,000,000,000,000,000,000이었다.

Christened.			Christened.		
Anno.	*Males.*	*Females.*	*Anno.*	*Males.*	*Females.*
1629	5218	4683	1648	3363	3181
30	4858	4457	49	3079	2746
31	4422	4102	50	2890	2722
32	4994	4590	51	3231	2840
33	5158	4839	52	3220	2908
34	5035	4820	53	3196	2959
35	5106	4928	54	3441	3179
36	4917	4605	55	3655	3349
37	4703	4457	56	3668	3382
38	5359	4952	57	3396	3289
39	5366	4784	58	3157	3013
40	5518	5332	59	3209	2781
41	5470	5200	60	3724	3247
42	5460	4910	61	4748	4107
43	4793	4617	62	5216	4803
44	4107	3997	63	5411	4881
45	4047	3919	64	6041	5681
46	3768	3395	65	5114	4858
47	3796	3536	66	4678	4319

B b

Christened.

Christened.			Christened.		
Anno.	*Males.*	*Females.*	*Anno.*	*Males.*	*Females.*
1667	5616	5322	1689	7604	7167
68	6073	5560	90	7909	7302
69	6506	5829	91	7662	7392
70	6278	5719	92	7602	7316
71	6449	6061	93	7676	7483
72	6443	6120	94	6985	6647
73	6073	5822	95	7263	6713
74	6113	5738	96	7632	7229
75	6058	5717	97	8062	7767
76	6552	5847	98	8426	7626
77	6423	6203	99	7911	7452
78	6568	6033	1700	7578	7061
79	6247	6041	1701	8102	7514
80	6548	6299	1702	8031	7656
81	6822	6533	1703	7765	7683
82	6909	6744	1704	6113	5738
83	7577	7158	1705	8366	7779
84	7575	7127	1706	7952	7417
85	7484	7246	1707	8379	7687
86	7575	7119	1708	8239	7623
87	7737	7214	1709	7840	7380
88	7487	7101	1710	7640	7288

그림 3.1 아버스넛이 살펴본 자료(Arbuthnot 1710)

통계학을 떠받치는 일곱 기둥 이야기

아버스넛은 이 대목에서 '임의 분포(random distribution)', 즉 성별이 매번 독립적으로 같은 확률로 결정된다는 가설을 세워 신의 섭리가 작용한다는 가설과 비교하게 설정했다. 신의 섭리로 세례자 자료에서 남성이 여성보다 많을 확률이 크게 높아졌다는 가설이었다. 왜일까? '위험을 무릅쓰고 식량을 구해야 하는 남성이 겪기 마련인 외부 사고'를 고려해 "앞날에 대비하는 자연이 현명한 창조주의 재량에 따라 남성을 여성보다 많이, 그것도 거의 일정한 비율로 출생하게 하기 때문이다."[3] 아버스넛은 대안 가설이 맞는지 계산하지 않았다.

다니엘 베르누이(Daniel Bernoulli)는 다섯 행성의 궤도면이 지구와 놀랍도록 근사한 것을 아버스넛과 비슷한 방식으로 연구해 1735년에 현상 논문에 발표했다.[4] 논문에 따르면 궤도면 여섯 개가 완전히 일치하지는 않지만, 각도 차이가 작았다. 즉, 궤도면의 기울기가 모두 6°54′을 넘지 않았다. 베르누이는 이렇게 가까이 일치하기란 일어나기 너무 어려운 일이라 임의 분포 가설에서 받아들이지 못한다고 판단했다. 한 계산에서는 6°54′을 90°의 1/13로 보고 지구 궤도를 포함해 다른 다섯 행성의 기울기가 6°54′ 구간 안에 들어올 가능성이 $(1/13)^5 = 1/372,293$이라고 보았다. 베르누이가 보기에 이 수치는 모든 궤도면이 최소 각도 안에 들어가 일치할 확률이었다.

아버스넛과 베르누이 모두 자료 집합에 확률이라는 잣대를 갖다 댔다. 이때 기본으로 삼은 원칙을 로널드 A. 피셔가 뒤에 논리합(logical disjunction)이라고 표현했다. "그런 결론을 떠받치는 원동력은 단순 논리합의 논리적인 효과에 있다. 즉 매우 일어나기 어려운 가능성이 일어났거나 **또는** 임의 분포론이 참이 아니다."[5] 자료가 임의 분포에 영향받지 않았다면 틀림없이 무언가 다른 규칙이 영향을 끼쳤다. 아버스닷과 베르누이가 제시한 사례 모두 가능도 비교가 내재되어 있었다. 신의 섭리이든 뉴턴 역학이든 적어도 가설 하나에서 관측 자료에 맞는 확률이 '우연' 가설에서보다 당연히 훨씬 높게 나오리라고 여겼기 때문이다.

비교 문제가 단순할 때, 즉 유력한 가능성이 달랑 둘뿐일 때는 해법도 간단할 수 있다. 한쪽 확률을 계산해 값이 아주 작으면 다른 쪽으로 결론 내리면 된다. 언뜻 보면 아버스닷과 베르누이의 문제 모두 그런 유형으로 보이지만, 이때마저 어려움이 고개를 내민다. 아버스닷은 첫째 주장에서 균형이 굳이 정확하지 않고 근사하기만 해도 된다고 여겼다가 이런 의문이 생겼다. 얼마나 근사해야 충분할까? 그래서 런던의 출생 자료를 뒤져 82년 동안 남성이 여성보다 많이 태어난 사실을 알아냈고, 한쪽 확률을 계산해 '다른' 쪽으로 결론 낼 수 있었다. 아버스닷의 계산에는 현대 검정과 비슷한 면도 있지만, 남성 출생자가 여성 출생자보다 무려 82년이나 한결같이 많은 극단적인 상황만을 다루었다. 만약 82년 가운데 81년 동안만 남성이 많이 태어났다면 아버스닷은 어떻게 했을까? 우연 가설에서 82년 중 **정확히** 81년일 확률을 구했을까? 아니면 현대 검정에서처럼 82년 중 **적어도** 81년일 확률을 구했을까? 두 경우 모두 확률이 아주 낮다면 82년 중 60년 또는 48년처럼 더 중간에 있는 경우는 어떨까? 이때는 접근법에 따라 사뭇 다른 답이 나올 것이다. 아버스넛이 어떻게 했을지는 알 길이 없다.

이 문제는 자료를 연속형 척도나 연속형에 가깝게 기록할 때 더 심각해진다. 따라서 합리적 가설 대부분에서 **모든** 자룃값이 아주 낮은 확률을 보인다. 출생 시 여성이나 남성일 확률이 똑같고 성별이 독립적으로 결정되는 집단에서 백만 명이 태어난다면 발생 가능한 남성 출생자 수마다 확률이 1/1,000을 넘지 못한다. 그렇다면 설령 자료가 성별마다 똑같은 개체 수를 보여도 자연의 임의 균형 가설을 기각한다는 뜻인가? 분명 단일 확률을 계산한다고 모든 문제가 풀리지는 않는다. 확률 자체는 척도이므로 비교할 바탕이 있어야 한다. 가설을 어디까지 허용할지도 상당히 제한해야 하는 것이 분명하다. 그렇지 않으면 "자료의 운명은 이미 정해졌다."와 같은 자기실현형 가설이 어떤 자료 집합에 대해서든 확률 1을 내놓을 것이다.

흄, 프라이스, 베이즈의 귀납법

가능도 관련 논쟁이 모두 명쾌하게 숫자로 나타나지는 않았다. 유명한 예는 데이비드 흄(David Hume)이 기독교 신학의 기본 교리 몇 가지에 맞서 제기한 논쟁이다. 1748년에 흄은 '기적에 관하여(Of Miracles)'라는 평론을 발표했다. 좀 더 앞서 써놓고도 소란을 일으킬 것이라 염려해 미루고 있던 글이었다.[6] 흄은 예수의 부활을 좋은 예로 들면서 보고된 기적에 대해 사실이라는 믿음을 부여해서는 안 된다고 주장했다. 그리고 기적은 '자연법칙에 위배하는 것'이어서 지극히 일어나기 어렵다고 특징을 설명했다.[7] 사실 너무나 일어나기 어려워서 보고된 기적이 정확하지 않다는, 즉 보고자가 거짓말을 했거나 그저 잘못 알았을 수 있다는, 분명히 더 높은 확률에 견줄 바가 아니었다.

흄이 예상한 대로 논란이 일었다. 하지만, 수학적으로 대응하는 사람이 있을 줄은 흄도 예측하지 못했을 것이다. 토마스 베이즈(Thomas Bayes)가 유명한 평론 중 일부 훌륭한 대목을 쓴 시기가 바로 이때였다. 아마도 흄에 대응하느라 그랬던 것 같다. 어쨌든 1764년 초반에 베이즈의 평론이 출판까지 되는 것을 지켜본 리처드 프라이스(Richard Price)가 흄의 평론에 대응하는 것을 자기 목표로 삼았다는 것은 의심의 여지가 없다.[8] 베이즈의 평론에 맞추어(아마 베이즈의 의도에도 맞추어) 프라이스가 일부러 고른 책 제목은 최근에서야 주목을 받았다. 제목은《귀납법에 바탕을 둔 모든 결론에서 확률을 정확하게 계산하는 법(A Method of Calculating the Exact Probability of All Conclusions Founded on Induction)》(그림 3.2)이었다. 워낙 대담한 제목이라 글로 타당함을 완벽하게 보여주기는 어려웠다. 논문은 다음 문제를 수학적으로 다루는 법을 보여주었다. "어떤 사건이 일어날 알려지지 않은 확률이 p이고 이 사건이 n번 독립 시행에서 x번 일어났다고 할 때 모든 p 값이 같은 확률이라는 사전 가정 아래 p의 사후 확률 분포를 구하라." 처음으로 모습을 드러낸 베이즈 정리의 특별 사례였고 프라이스가 이어서 펴낸 두툼한 서적이 보여주듯이 흄을 겨냥하였다.

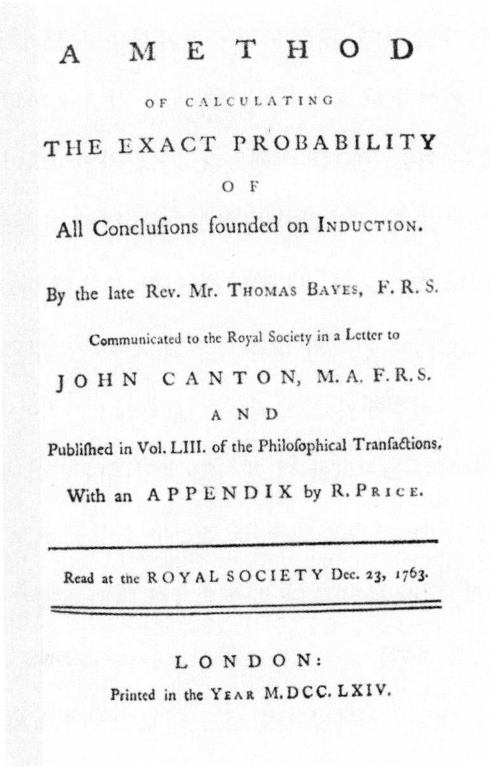

A M E T H O D

OF CALCULATING

THE EXACT PROBABILITY

O F

All Conclusions founded on INDUCTION.

By the late Rev. Mr. THOMAS BAYES, F. R. S.

Communicated to the Royal Society in a Letter to

J O H N C A N T O N, M. A. F. R. S.

A N D

Published in Vol. LIII. of the Philosophical Transactions.

With an A P P E N D I X by R. PRICE.

Read at the ROYAL SOCIETY Dec. 23, 1763.

L O N D O N:
Printed in the YEAR M. DCC. LXIV.

그림3.2 베이즈가 쓴 평론의 발췌 인쇄본 표지. 리처드 프라이스가 골랐다(Watson 2013).

리처드 프라이스는 1767년에 《논문 네 편(Four Dissertations)》이라는 책을 펴냈다. 그 가운데 한 부분에서 베이즈의 평론을 뚜렷이 언급하며 더 도발적인 제목으로 흄을 대놓고 반박했다.[9] 책에는 베이즈의 평론이 나온 뒤 처음으로 베이즈 정리를 프라이스가 적용한 예도 있었다. 적용 사례에서 명확히 계산해 보니 자연법칙으로 보이는 것을 위배하는 일이 흄이 주장한 만큼 극도로 드물지 않았다. 흄은 기적이 존재한다는 증거가 오롯이 경험을 바탕으로 삼으니 기적을 옹호할 때도 경험에만 기대야 한다고 주장했었다. 그래서 프라이스는 이런 논거를 내세웠다. 가령 자연법칙이 존재하는 증거가 밀물이나 일출처럼 같은 사건이 한 번도 빠짐없이 연속으로 1,000,000번 일어난 일이었다고 해보자. 바꿔 말해 이항 분포를 따르는 시행을 $n=$ 1,000,000번 관측했더니 기적과 같은 예외가 X=0번 일어난 상황이다. 그렇다면 이로써 다음 시행에서 기적이 일어날 확률 p는 0이라는 뜻일까? 아니다. 프라이스가 베이즈 정리를 써 계산해 보았더니 이런 상황에서 기적이 일어날 가능성이 1/1,600,000보다 클 조건부 확률은 P{p>1/1,600,000|X=0}=0.5353으로, 50%를 넘었다. 분명히 1/1,600,000이 아주 낮기는 하지만, 불가능하다고 하기는 어렵다. 프라이스는 이와 반대로 1/1,600,000을 단일 시행에서 기적이 일어날 가능성으로 보고서 1,000,000번을 더 시행했을 때 적어도 한 번은 기적이 일어날 확률을 구했다.

$$1.0 - (1,599,999/1,600,000)1,000,000 = 0.465$$

거의 절반이다! 기적이 일어날 확률은 흄이 짐작한 것보다 훨씬 **높**

았다.

베이즈의 논문은 발표 뒤로 50년가량 이렇다 할 주목을 받지 못했다. 논문을 실은 학술지에서 지루한 제목('우연론에서 문제 해결을 위한 평론 (An Essay toward Solving a Problem in the Doctrine of Chances)')을 쓴 탓도 일부 있음은 말할 것도 없다. 20세기가 한창일 무렵 사후 확률은 추론을 바로잡는 중요한 역할을 하면서 대담한 제목이 실현되는 방향으로 나아갔다. 이 주제는 5장에서 다시 다루겠다.

라플라스 검정

19세기 내내 유의 확률이라 부를 만한 것을 그때그때 임시로 계산하는 일이 여러 번 이어졌다. 대개 다니엘 베르누이식 계산이었고 임의성을 띤 어떤 가설에서 확률을 구할 값들의 극한을 자료를 이용해 정의했다.

1827년에 피에르 시몽 라플라스가 파리 천문대에서 오랜 세월 쌓인 기압계 측정값을 조사해 달이 대기 조석에 영향을 미치는지 증거를 찾아보았다. 달의 효과는 $x = 0.031758$이었다. 이어 다른 효과가 정말로 조금도 없을 때 어떤 효과가 절댓값 기준으로 이 값 이하일 확률을 계산했더니 0.3617이었다. 이 값은 현대 양측 검정의 P 값 $1 - 0.3617 = 0.6383$에 대응

한다. 라플라스는 달이 대기 조석을 일으키는 증거로 보기에는 0.3617이 너무 낮다(즉, P가 너무 크다)고 판단해 이렇게 적었다.

"이 확률(0.3617)이 1에 가까이 갔다면 가능도가 매우 크므로 x 값이 우연의 비정칙성 때문에만 생기지 않고 일부는 달이 대기 조석에 미친 작용이 틀림없는 상시 원인에 의한 효과임을 시사했을 것이다. 하지만, 아주 많은 관측 값을 이용했는데도 이 확률과 1로 대표되는 확실성이 상당히 차이 나므로 달이 작용할 가능도가 낮다는 것을 보여준다. 그러므로 인정할 만큼 달 대기 조석이 파리에 존재하는지는 불확실하다고 볼 수 있다."[10]

라플라스의 해석은 오랜 세월 동안 굳건히 자리를 지켰다. 파리에서 달이 대기 조석에 미치는 효과는 너무 약해서 당시 쓸 수 있던 관측으로는 알아내기 어려웠다. 그 대신 달이 철마다 기압계 변이(오전 9시부터 오후 3시 사이의 평균 압력 변화)에 영향을 미친 증거를 찾아낼 수 있었다. 라플라스는 이 부분에서 오늘날 쓰는 P 값을 썼다. 계절 효과가 전혀 없을 때 자신이 찾아낸 크기 이상으로 편차가 발생할 우연을 계산해 보니 0.0000015815이므로 우연이기에는 너무 낮다고 언급했다.

1840년에 쥘 가바레(Jules Gavarret)는 '혼인 중' 출생자와 '혼외' 출생자에서 남녀 비율을 비교했다.[11] 남아 출산율은 각각 0.51697과 0.50980으로 차이가 0.00717이었다. 출생자가 많았으므로(혼인 중

1,817,571명, 혼외 140,566명, **그림 3.3**), 가바레는 푸아송의 공으로 돌린 지침에 따라 차이를 0.00391과 비교했다. 0.00391은 오늘날 $2\sqrt{2}(=2.828)$ 로 묘사하는 값에 차이의 표준 편차 추정 값을 곱해 구한 값이다. 이는 확률 0.0046으로 우연히 일어날 절대 편차에 해당했다. 관측한 차이가 분계점(threshold)에 거의 두 배였으므로, 가바레는 이로써 편차가 실험 변동 탓으로 돌릴 수 있는 값보다 큰 것을 보여준다고 해석했다. 물론 우리가 그 자리에 있었다면 검정으로는 차이가 사회적 요인 탓인지 생물학적 요인 탓인지를 알지 못한다고 알려주고 싶었을 것이다.

1824-1825.

Enfants légitimes.

$m = 939641 = $ le nombre de garçons.
$n = 877931 = $ le nombre des filles.
$\mu = 1817572 = $ le nombre des naissances.

D'où résulte que la chance moyenne de naissance d'un garçon en France dans l'état de mariage, est représentée par le rapport

$$\frac{m}{\mu} = \frac{939641}{1817572} = 0,51697$$

En poussant l'approximation jusqu'à la cinquième décimale.

Enfants illégitimes.

$m' = 71661 = $ le nombre des garçons.
$n' = 68905 = $ le nombre des filles.
$\mu' = 140566 = $ le nombre des naissances.

D'où résulte que la chance moyenne de naissance d'un garçon en France hors l'état de mariage, est représentée par le rapport

$$\frac{m'}{\mu'} = \frac{71661}{140566} = 0,50980$$

En poussant l'approximation jusqu'à la cinquième décimale.

그림 3.3 가바레가 계산한 출생 자료(Gavarret 1840, 274)

1860년에 미국 천문학자 사이먼 뉴컴(Simon Newcomb)은 오래된 문제를 새로운 관점으로 다시 생각해 보았다.[12] 플레이아데스 성단에서처럼 광도 5등성인 밝은 별 여섯 개가 천구에서 1평방도를 차지하는 작은 단일 공간에서 발견되는 것이 주목할 만한 일인가? 아니면 설사 별이 하늘에 마구잡이로 흩어져 있더라도 타당한 확률로 일어날 만한 일이라고 기대할 수 있는가? 당시 맨눈으로 보이는 별의 밝기 척도는 가장 흐릿한 별을 6등성으로 삼아 결정했고 5등성부터 위로 올라갈수록 더 밝았다. 이때 5등성 이상으로 알려진 별의 개수 N은 꽤 정확한 1,500개였다. 천구 크기는 41,253평방도이다. 따라서 무작위로 고른 한 별이 특정 평방도에 있을 확률 p는 1/41,253이다. 뉴컴은 별자리 분포를 최초로 푸아송 과정으로 다루어 분석했다. 이때 공간 과정률, 즉 평방도당 별이 있을 기댓값은 $\lambda = Np = 1,500/41,253 = 0.0363$이었다. 따라서 별 s개가 특정 평방도에 있을 확률은 다음과 같았다.

$$e^{-\lambda} \lambda^s / s!$$

따라서 $s=6$일 때 기댓값은 0.000000000003이었다. 플레이아데스 성단은 눈길을 끌고자 밀도가 매우 높은 평방도를 고른 예이었지만, 이 값은 특정 평방도 하나만을 나타냈으므로 뉴컴은 이 확률이 적절치 않다는 것을 알았다. 따라서 여섯 별이 떠 있는 곳인 41,253평방도의 기댓값, 즉 41,253에 낮은 확률 0.00000013을 곱한 값을 구했다. 여전히 티끌처럼 작은 수치였다. 사실 뉴컴은 이 값도 정확하지 않다는 것과 평방도를 조금 움직여 별 대부분을 포함하도록 하는 확률이 필요하다는 것을 알았다. 하지만, 자신이 계산할 수 없는 이 답이 그리 크지 않으리라고 여겼다. 그리고 공간이 별 여섯 개를 품는 기댓값이 1이게 하려면 목표 공간을 1평방도에서 27.5평방도로 늘려야만 할 것이라고 언급했다.

가능도 이론

지금까지 제시한 예를 보면 통계 지식이 갈수록 정교해지는 데다 같은 기간 동안 이론도 더 틀을 갖춰 발전했음을 알 수 있다. 1700년대 중반에 관측의 결합과 오차 분석을 수학계가 풀어야 할 숙제라고 말하는 사람들이 나타났다. 그 가운데에는 토머스 심프슨(Thomas Simpson, 1757, **그림 3.4**), 요한 하인리히 람베르트(Johann Heinrich Lambert, 1760, **그림 3.5**), 조제프 루이 라그랑주(Joseph-Louis Lagrange, 1769), 다니엘 베르누이(1769, 1776, **그림 3.6**), 피에르 시몬 라플라스(1774년 뒤로 쭉, **그림 3.7**), 카를 프리드리히 가우스(Carl Friedrich Gauss, 1809)가 있었다. 이들은 대칭인 단봉 오차 곡선, 즉 단봉 오차 밀도를 분석 일부로 설명하였으며, 이 곡선을 염두에 두며 가장 확률이 높은(most probable) 자료 요약을 고르려 시도했다.

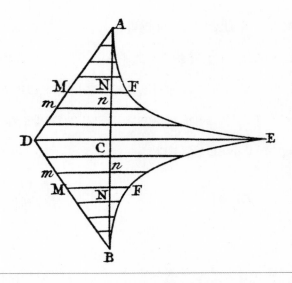

그림 3.4 심프슨이 1752년에 그린 곡선(수직선 AB의 왼쪽 이등변 삼각형). AB 오른쪽에 있는 곡선은 관측 여섯 개의 평균을 밀도로 나타내려 했지만, 상상한 대로 그려서 정확하지 않다(Simpson 1757).

이런 초기 분석 가운데 몇몇은 오늘날 우리가 최대 가능도 추정값이라 부르는 것의 전신임을 알 수 있다.[13] 학자들은 이론을 점점 더 다듬어 갔다. 라플라스는 사후 기대 오차를 최소화하는 값으로 사후 중간값을 즐겨 썼다. 가우스도 가능도를 처음 다룰 때 사전 정보 없이 베이즈 접근법을 썼고, 오차가 정규 분포할 때 '최확인(가장 확률이 높은)' 답을 내놓는 기법으로 최소 제곱법을 이끌어 냈다(가우스보다 4년 앞서 르장드르가 최소 제곱법을 발표했지만, 확률이 맡은 역할이 없었다). 그러나 가능도 이론이 완전한 모습을 갖춘 때는 20세기가 되어서다.

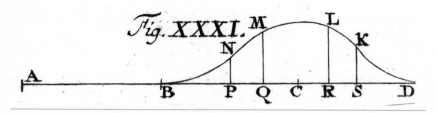

그림 3.5 람베르트가 1760년에 그린 곡선(Lambert 1760)

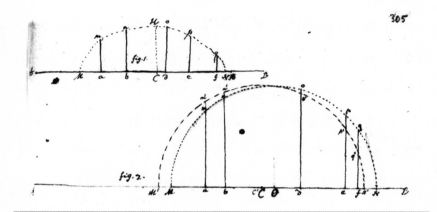

그림 3.6 다니엘 베르누이가 1769년에 그린 곡선. 이 곡선(도해에서 fig. 1)에는 fig. 2의 곡선을 바탕으로 베르누이가 쓴 가중 함수가 적용되었다(Bernoulli 1769).

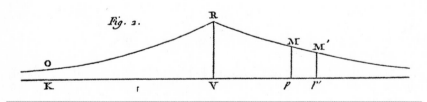

그림 3.7 라플라스가 1774년에 그린 곡선. 오늘날 이중 지수 밀도라 부른다(Laplace 1774).

1920년대에 피셔는 칼 피어슨(Karl Pearson)이 1900년에 소개하여 영향력을 떨친 카이제곱 검증을 포함하는 피어슨의 초기 연구를 기반으로 상당히 대담하면서 포괄적인 이론을 발표했다.[14] θ가 과학적 목표를 나타내고 X가 자료를 나타내고 두 값 가운데 적어도 하나는 다차원일 수 있을 때 가능도 함수 $L(\theta|X)$를 θ의 함수로 여겨지는 관측 자료 X의 확률이거나 확률 밀도 함수라 정의했다. X가 관측에 따라 고정되었으므로 관례에 따라 표기에서 숨겨 앞으로 $L(\theta|X)$ 대신 $L(\theta)$로 적겠다. 피셔는 $L(\theta)$를 최대화하는 θ, 즉 가능하리라 생각되는 θ 가운데 관측 자료 X가 나올 확률이 어떤 의미에서는 가장 높은 값을 골랐다. 그리고 이렇게 고른 값이 θ의 최대 가능도 추정 값이라고 설명했다. 여기까지는 용어 말고는 다니엘 베르누이, 램버트, 가우스와 생각이 같았다. 하지만, θ를 미분해 값을 0으로 설정하여 평활 최댓값(smooth maximum)으로 최댓값을 구할 때는 L의 곡률이 최댓값(2차 미분)일 때 정확도(추정 값의 표준 편차)를 꽤 정확히 구할 수 있고, 그렇게 구한 추정 값이 자료에서 얻을 수 있는 관련 정보를 모두 나타내므로 다른 어떤 방법을 써서 일치 추정법으로 값을 구해도 이보다 나을 수 없다고 주장했다. 이 주장으로만 보면 모든 통계학자가 원하던 답일 것이다. 이론적으로 가장 정확한 답을 찾는 단순한 과정이고 정확성을 상세히 설명하는 일이 무척 쉬웠다.

피셔가 계획한 과정을 적용해 보니 그리 보편적이지 않았다. 누구나 이용할 수 있는 게 아니었고 피셔가 처음 생각한 만큼 완벽하지도 않았다. 철저히 증명하기도 어려운 데다 이와 반대되는 예도 몇 가지 발견되었다. 반례는 대부분 사실이기는 하지만, 실제로 적용해보지는 않는 것이었다. 예외 사례 하나를 모리스 바틀릿(Maurice Bartlett)이 1937년에, 에이브러햄 월드(Abraham Wald)가 1938년에 의심할 바 없이 따로따로 찾아냈다(월드는 이 사실을 그해에 편지로 예지 네이만에게 알렸다).[15] 이를 10년 뒤 네이만이 엘리자베스 스콧(Elizabeth Scott)과 함께 다음과 같은 기본 내용으로 간추려 출간했다.[16] 자료가 독립적으로 정규 분포하는 (X, Y) 쌍 n개이고 각 쌍에서 X와 Y는 기댓값이 μ로 같은 독립 측도이지만, 모든 X와 Y의 분산이 σ^2으로 같다고 해보자. 그렇다면 추정해야 할 양은 $n+1$개이다. μ의 최대 가능도 추정 값은 쌍의 평균 $(X, Y)/2$이고 분산 σ^2의 최대 가능도 추정 값은 $\dfrac{\sum(X_i - Y_i)^2}{4n}$으로, 기댓값이 $\sigma^2/2$이니 예상치의 딱 절반이다. 여기서 어려움이 불거진다. 이 값이 쌍마다 표본이 2개인 분산의 추정 값 n개를 평균한 것이기 때문이다. 정규 분포일 때는 표본 크기가 m인 분산의 최대 가능도 추정 값이 치우쳐 분산에 (m-1)/m을 곱한 것과 같아진다. m이 크다면 (m-1)/m이 1에 가까울 테지만, m=2에서는 $\frac{1}{2}$이다. 이제 이것을 빅데이터 문제라고 생각해 보자. 그렇다면 기록된 자료 수가 목표 대상의 수와 거의 맞먹는다. 총체적 표본에서 정보는 엄청나게 많은 목표 대상에 퍼지기 마련이라 모든 부분에서 만족스러울 수 없다. 빅데이터에 최대 가능도를 적용할 때 이 사례는 걸림돌로 보이겠지만, 디딤돌로 볼 수도 있다. 그리고 평균에서는 기대만큼 효과가 있고, 분산 관련 문제도 그저 2만 곱하면 쉽사리 보상된다. 하지만, 고차원 문제를 다룰 때는 주의해야 한다는 점을 시사한다.

피셔가 계획한 과정이 이런 좌절을 맛보기는 했지만, 1920년대 이후 20세기 거의 내내 연구 의제를 결정했다. 즉, 피셔가 신봉한 가능도 기법을 비롯해 비슷한 방법들이 적용될 수 있는 수많은 분야에서 압도적으로 실행되었다.

피셔가 유의성 검정이 대안들을 명백히 특정하지 않는 귀무가설(null hypothesis, 두 집단을 대상으로 실험했을 때 각 집단에서 같은 결과가 나올 것이라는 가설: 옮긴이)을 검정한다고 생각해서 자주 쓰는 사이, 네이만과 에곤 S. 락은 가능도를 명확히 비교하고 대안 가설을 확실히 도입하여 가설 검정을 공식 이론으로 진전시킬 임무를 떠안았다. 검정에 대한 발상은 피셔가 생각한 측면에서든 네이만과 피어슨이 생각한 측면에서든 분명히 지금까지 엄청나게 영향을 끼쳤다. 이를 증명하듯 어디서나 검정을 쓰고 일부에서는 열을 올려 거세게 비난한다. 검정 전부를 비난하지는 않더라도 검정을 비판 없이 수용한다느니 판에 박힌 듯 유의 수준 5%를 적용한다느니 하며 검정을 실행하는 일부 방식을 비난한다. 자료에 존재하는 변이와 우리가 관측 차이에 두는 신뢰를 통계적인 맥락으로 알아보려고 추론을 보정할 방법으로 가능도와 관련하여 나온 발상은 현대 통계학 체계 상당 부분에서 기둥 노릇을 한다.

상호 비교

표본 내 변동을 표준으로

넷째 기둥인 상호 비교(Intercomparison)는 통계적으로 비교할 때 외부 기준을 참조하거나 믿지 말고 철저히 자료 내부에 있는 변동만으로 비교해야 한다는 발상이다. 상호 비교가 어렴풋이 모습을 드러낸 지는 아주 오래이지만, 내가 염두에 둔 정확한 표현은 프랜시스 골턴이 쓴 논문에 1875년에서야 나왔다. 골턴이 논문을 발표한 지 10년 뒤에는 프랜시스 에지워스가, 33년 뒤에는 윌리엄 실리 고셋(William Sealy Gosset)이, 50년 뒤에는 로널드 A. 피셔가 이 발상을 각각 과학적으로 확장해 현대 통계학의 기본이자 기둥으로 만들었다.

골턴은 1875년에 쓴 논문 '상호 비교를 이용한 통계(Statistics by Intercomparison)'에서 몇 가지 바람직한 속성을 지닌 비교법을 소개했다. 여기에 덧붙여서 비교할 때 "흔히 통용되는 문구로, 우리는 준거 기준을 버리고 새로 만든 뒤에 간접적으로 정의할 수 있다. (…) 〔새 기준은〕 외부 기준을 조금도 빌리지 않고 오롯이 **상호 비교**에만 영향받아야 한다."[1]라고 소개했다. 이 정의는 뒤이어 발전한 개념에 적용되지만, 정작 골턴 자신은 백분위 용도로만 썼다. 전적으로는 아니지만, 특히 중간값과 두 사분위수 위주였다. 이 값들은 자료를 그저 크기순으로 세우면 나오므로 셈에 가까운 단순한 산술 연산만 하면 되었고, 측도가 수치는 아니어도 순서가 있는 서술 자료일 때는 꽤 잘 들어맞기까지 했다. 사실 골턴이 백분위를 처음 쓴 때는 1869년에 펴낸《유전하는 천재(Hereditary Genius)》에서였다. 골턴은 책에서 인명사전 여러 질을 살펴 유명 인사들의 순위를 매기고 재능을 비교했지만, 재능을 나타내는 수치 측도를 하나도 쓰지 않았다.[2] 책에는 오늘날 찬사를 받지 못하는 내용도 있지만, 통계 기법은 탄탄했다.

고셋과 피셔의 t

역사를 뒤돌아보면 상호 비교를 더 수학적으로 사용하는 첫 씨앗은 1908년에 생각지도 않은 두 사람이 뿌렸다. 고셋은 더블린에 있는 양조회사 기네스에서 1899년부터 화학자로 일했다. 옥스퍼드 대학교 뉴칼리지에서 수학(1897년 1차 시험 1등급 학위)과 화학(1899년 1등급 학위)을 배웠으므로, 통계가 맥주 제조에 쓸모 있겠다는 것을 곧 알아봤다. 그리고 칼 피어슨이 유니버시티 칼리지 런던에서 이끌던 연구실에서 내놓은 연구 결과를 읽고서 이를 바탕으로 1904년부터 1905년 사이에 내부 메모(정말로 사내 지시서였다.) 두 부를 쓰면서 오차 이론과 상관 계수의 활용에 대해 요약했다. 첫 메모에서는 자료에 첨부할 p 값이 있었으면 하는 바람을 이런 말로 드러냈다. "우리는 어떤 결론을 내든 맞을 승산이 충분하다고 제멋대로 받아들이기 때문에 어떤 책에서도 이 승산을 언급하지 않는 어려움에 부닥쳤다. 하지만, 이 문제를 어떤 수리 물리학자에게 문의한다면 도움을 얻을 것이다."[3] 말할 것도 없이 그 물리학자는 피어슨이었다.

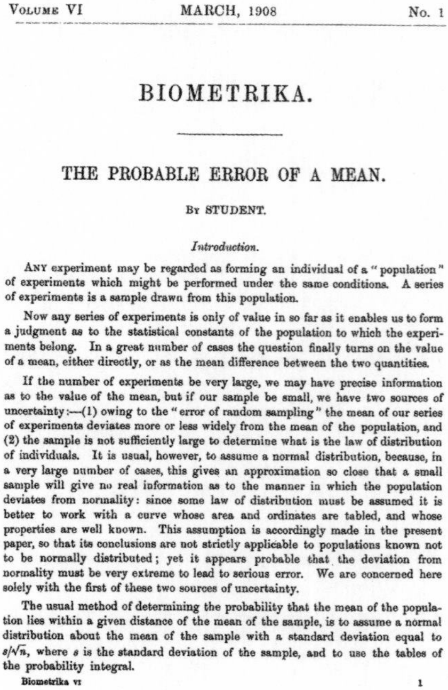

VOLUME VI　　　　　MARCH, 1908　　　　No. 1

BIOMETRIKA.

THE PROBABLE ERROR OF A MEAN.

By STUDENT.

Introduction.

ANY experiment may be regarded as forming an individual of a "population" of experiments which might be performed under the same conditions. A series of experiments is a sample drawn from this population.

Now any series of experiments is only of value in so far as it enables us to form a judgment as to the statistical constants of the population to which the experiments belong. In a great number of cases the question finally turns on the value of a mean, either directly, or as the mean difference between the two quantities.

If the number of experiments be very large, we may have precise information as to the value of the mean, but if our sample be small, we have two sources of uncertainty :—(1) owing to the "error of random sampling" the mean of our series of experiments deviates more or less widely from the mean of the population, and (2) the sample is not sufficiently large to determine what is the law of distribution of individuals. It is usual, however, to assume a normal distribution, because, in a very large number of cases, this gives an approximation so close that a small sample will give no real information as to the manner in which the population deviates from normality: since some law of distribution must be assumed it is better to work with a curve whose area and ordinates are tabled, and whose properties are well known. This assumption is accordingly made in the present paper, so that its conclusions are not strictly applicable to populations known not to be normally distributed ; yet it appears probable that the deviation from normality must be very extreme to lead to serious error. We are concerned here solely with the first of these two sources of uncertainty.

The usual method of determining the probability that the mean of the population lies within a given distance of the mean of the sample, is to assume a normal distribution about the mean of the sample with a standard deviation equal to $s/\sqrt{n}$, where s is the standard deviation of the sample, and to use the tables of the probability integral.

Biometrika vi　　　　　　　　　　　　　　　　　　　1

그림 4.1 1908년에 스튜던트라는 이름으로 발표한 논문의 첫 장. 뒷날 t 검정으로 불릴 방법을 소개한다(Gosset 1908).

기네스는 고셋이 1906년부터 1907년까지 두 학기 동안 피어슨의 연구소를 방문해 더 많이 배우도록 승인했다. 고셋은 연구소에 머무는 동안 '평균의 확률 오차(The Probable Error of a Mean)'라는 논문을 썼고, 이 덕분에 통계학자로서 이름을 알린다(그림 4.1).[4]

고셋이 쓴 논문은 피어슨이 편집자로 있는 학술지 "바이오메티카(Biometrika)"에 스튜던트(Student)라는 가명으로 실렸다. 기네스가 직원들이 외부에 저술을 발표할 때 자료 출처가 기네스임을 나타내지 못하도록 사내 정책으로 막았기 때문이다. 따라서 논문에서는 맥주 품질 관리에 적용할 수 있다는 낌새가 보이지 않는다. 당시 사람들은 이 논문을 피어슨의 제자들이 쓴 그저 그런 연구물로 여겼을 것이다. 모든 측면에서 그럴 만했지만, 한 가지가 달랐다. 당시까지 100년 동안 과학자들은 천문학에서 산술 평균을 판에 박은 듯이 써왔고, '확률 오차(probable error)' 즉 p.e.를 써서 정확성을 설명했다. 확률 오차는 정규 분포를 따르는 자료의 중간값 오차였다. 1893년에 피어슨이 대안 척도로 SD 또는 σ로 적는 '표준 편차'를 소개했다. 표준 편차는 확률 오차에 비례했으므로(p.e≈0.6745σ), 피어슨이 소개한 방식이 곧 표준으로 자리 잡았다. 표본이 크고 σ를 구할 다른 방법이 마땅하지 않을 때 통계학자들은 머뭇거림 없이 σ를 $\sqrt{\frac{1}{n}\sum(X_1-\bar{X})^2}$ 또는 가우스가 선호한 대로 $\sqrt{\frac{1}{n-1}\sum(X_1-\bar{X})^2}$ 로 바꿨다. 논문에서 고셋은 표본이 크지 않고 정확도를 추정한 값의 정확성에도 한계가 있을 때 이 근사값에 타당성이 모자라더라도 어디까지 허용해야 하는지를 파악하고자 했다. 명확히 말하건대 고셋은 X가 평균이 0인 정규 분포를 따를 때 X/σ가 평균이 0이고 표준 편차가 $\frac{1}{\sqrt{n}}$인 정규 분포를 따른다는 것을 알았다. 하지만, σ를 $\sqrt{\frac{1}{n}\sum(X_1-\bar{X})^2}$로 바꿨을 때 무슨 일이 일어났을까? $z=\bar{x}/\sqrt{\frac{1}{n}\sum(X_1-\bar{X})^2}$는 어떤 분포를 따를까? 피셔는 뒤에 오늘날 익숙한 단일 표본 t 검정 통계량으로 척도를 바꾸었고, $t=\sqrt{n-1}z$였다.

고셋은 엄격히 증명하지는 않았지만, 뛰어났던 추측 두세 가지와 이런 추측을 바탕으로 삼은 탄탄한 분석에 기대 옳은 답으로 판명 날 분포를 도출했다. 이 분포가 오늘날 피셔의 척도를 따라 자유도가 n-1인 스튜던트의 t 분포라 부르는 것이다. 여기에는 수학적 행운도 꽤 따랐다. 고셋은 표본 평균과 표본 표준 편차가 상관하지 않으면 서로 독립임을 암시한다고 은연중에 짐작했다. 하지만, 이런 짐작은 고셋이 사용한 예 같은 정규 분포에서는 맞지만, 다른 경우에는 맞지 않는다. **그림 4.2**는 표준 편차(이 척도에서는 $\frac{1}{\sqrt{7}}=0.378$가 같을 때 자유도가 9인 z에 대한 고셋의 t 분포(실선)와 정규 분포(점선)를 비교해 보여준다. 고셋은 일치도가 나쁘지 않지만, 편차가 클 때는 정규 분포가 '그릇된 안심'을 갖게 할 것이라고 언급했다.[5]

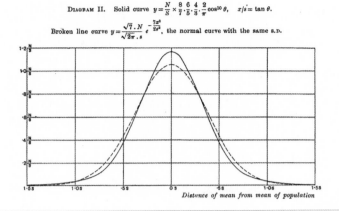

DIAGRAM II. Solid curve $y = \dfrac{N}{S} \times \dfrac{8}{7} \cdot \dfrac{6}{5} \cdot \dfrac{4}{3} \cdot \dfrac{2}{\pi} \cos^{10} \theta$, $x/s = \tan \theta$.

Broken line curve $y = \dfrac{\sqrt{7} \cdot N}{\sqrt{2\pi} \cdot s} \, e^{-\frac{7x^2}{2s^2}}$, the normal curve with the same s.d.

Distance of mean from mean of population

그림 4.2 1908년 논문에 실린 도표. 정규 분포와 자유도가 9인 t 분포를 비교했다(Gosset 1908).

고셋이 그린 곡선은 n이 클수록 정규 분포에 더 가까웠다. 고셋은 표를 첨부해 n이 10일 때까지 유의 확률을 계산할 수 있게 하면서, 몇 가지 예를 들어 사용법을 보여주었다. 그 가운데 가장 유명한 예는 'Cushny-Peebles' 자료였다(**그림 4.3**). 마지막 열에 있는 쌍별 차이를 살펴보니 $z = 1.58/1.17 = 1.35$이었다. 즉 평균 차이가 0에서 1.35SD만큼 났다. 그러므로 $t = \sqrt{n-1}(1.35) = 3(1.35) = 4.05$였다. 이에 따라 고셋은 이렇게 결론 내린다. "표를 찾아보면 확률이 0.9985이다. 즉, 2번이 더 나은 수면 효과를 가질 승산은 약 666 대 1이다."[6] 드디어 스튜던트의 t 검정이 태어나 첫 울음을 터트렸다! 논문을 살펴보면 오류투성이다. 결론에서는 부적절하게 베이즈식 표현을 썼고, 출처를 틀리게 인용했고(쿠쉬니-피블스 논문은 1904년이 아니라 1905년에 발표됐다.) 약물을 잘못 확인했고(열에 엉뚱한 이름을 붙인 데다 사실 복사한 자료는 수면 효과 실험이 아니었다.) 분석도 부적절했다(환자 자료는 사실 크기가 아주 다른 표본의 평균이라 분산도 크게 달랐는데, 척도가 같도록 맞추어 상관시킨 것으로 보인다). 하지만, 적어도 수치 계산은 깔끔하게 맞았으므로 다른 이들이 논리를 따라가는 데 문제가 없었을 것이다.

SECTION IX.　*Illustrations of Method.*

Illustration I.　As an instance of the kind of use which may be made of the tables, I take the following figures from a table by A. R. Cushny and A. R. Peebles in the *Journal of Physiology* for 1904, showing the different effects of the optical isomers of hyoscyamine hydrobromide in producing sleep.　The sleep of 10 patients was measured without hypnotic and after treatment (1) with D. hyoscyamine hydrobromide, (2) with L. hyoscyamine hydrobromide.　The average number of hours' sleep gained by the use of the drug is tabulated below.

The conclusion arrived at was that in the usual dose 2 was, but 1 was not, of value as a soporific.

Additional hours' sleep gained by the use of hyoscyamine hydrobromide.

Patient	1 (Dextro-)	2 (Laevo-)	Difference (2-1)
1.	+ ·7	+1·9	+1·2
2.	− 1·6	+ ·8	+2·4
3.	− ·2	+1·1	+1·3
4.	− 1·2	+ ·1	+1·3
5.	− 1	− ·1	0
6.	+ 3·4	+4·4	+1·0
7.	+ 3·7	+5·5	+1·8
8.	+ ·8	+1·6	+ ·8
9.	0	+4·6	+4·6
10.	+2·0	+3·4	+1·4
	Mean + ·75	Mean +2·33	Mean +1·58
	S. D.　1·70	S. D.　1·90	S. D.　1·17

그림 4.3 1908년 논문에 실린 Cushny-Peebles 자료. 1열에 있는 '− 1'(5번 환자)은 '− 0.1'의 오타다 (Gosset 1908).

이 장의 목적에 비춰 중요한 점은 표본 평균을 표본 표준 편차와 비교할 때 외부 기준을 참조하지 않았다는 것이다. '진짜' 표준 편차도 해당 과학 연구에서 흔히 받아들이는 역치나 분계점도 참조하지 않았다. 하지만, 더 중요한 점은 비율 t가 모표준 편차 σ에 조금도 연관되지 않고 분포하므로 어떤 확률 명제든 p 값처럼 비율 t를 포함한다면 자료를 평가할 내부 기준으로 삼을 수 있었다. 만약 비율 t의 분포가 σ에 따라 변했다면 t를 이용한 증명도 σ에 따라 바뀌어야 했을 것이다. 스튜던트 t를 이용한 추론은 순전히 내부 기준을 써서 자료를 분석했다. 이렇게 상호 비교를 사용하면 외부 기준이 없어도 됐으므로 파워가 엄청났다. 하지만, 상호 비교는 1919년에 벌써 흔했고 오늘날에도 사라지지 않은 비평과 마주했다. 통계적 유의성이 과학적 유의성을 반영하지 않아도 된다는 비평이다.[7] 두 약제의 차이에 잠을 오게 하는 수단으로서 실제 어떤 유의성이 있다고 주장되었는가? 고셋은 이 물음에 입을 다물었다. 그러나 명제가 오해를 낳을 수 있다는 문제가 남아 있기는 해도 있는 자료에 집중할 수 있는 데서 오는 파워는 부인하지 못할 이점이다.

고셋의 논문은 발표 뒤로 거의 주목받지 못했다. "바이오메티카"가 저명한 학술지였고 몇몇 연구에서 논문을 정기적으로 인용했지만, 1920년대 이전에는 저술에 검정을 사용한 사람이 아무도 없었던 듯하다. 피어슨은 1914년에 펴낸 《통계학자와 생물통계학자를 위한 표(Tables for Statisticians and Biometricians)》에 고셋의 검정과 표를 넣으면서 수정하지 않은 Cushny-Peebles 자료와 베이즈식 결론을 비롯해 고셋이 1908년 논문에 실은 예를 제시했다.[8] 하지만, 1925년 이전에 고셋의 검정을 사용한 사례를 직접 찾아보니 단 한 건도 없었다. 더블린에 있는 기네스 기록 보관소에서 오후 나절을 보내며 1908년부터 1924년 사이에 나온 과학 기록을 찾아봤지만 예는 한 건도 없었다. 고셋 자신조차 실제 업무에서는 검정을 무시했다는 뜻이다. 통계를 사용한 사례도 몇 가지 있고, 평균 차이를 0으로부터 어느 정도의 표준 편차만큼 떨어져 있느냐로 기술했지만, 실무에서 t 검정이나 논문 참조는 없었다.

그런데도 논문은 대단한 영향을 끼쳤다. 한 독자가 논문을 읽고 결론에 숨은 마법을 알아보았기 때문이다. 피셔는 아마 1912년에 케임브리지 대학교를 졸업할 때쯤 논문을 읽었을 것이다. 증명이 하나도 없다는 것을 알았지만, 다차원 기하학 관점에서 문제를 보면 쉽고도 완전하게 철저한 증명을 얻을 수 있다는 것도 알았다. 피셔는 스튜던트의 정체를 어찌어찌 알아낸 뒤 고셋에게 편지를 보내 증명을 설명했다. 안타깝게도 고셋은 설명을 이해하지 못했다. 피어슨도 고셋에게서 피셔의 편지를 받아 보았지만 마찬가지였다. 편지는 현재 사라지고 없다. 피셔는 답장을 받지 못했던 것 같다. 1915년에는 "바이오메티카"에 실은 짧은 역작 논문에 증명을 포함했다. 논문에서는 훨씬 더 복잡한 통계량인 상관 계수 r의 분포도 구했다.[9]

고셋의 검정은 이때도 전혀 관심을 끌지 못했다. 피셔는 1920년대 초반에 로담스테드 실험장(Rothamsted Experimental Station)에서 농업 관련 문제를 연구했다. 스튜던트 t 분포가 σ에 대한 종속성에서 자유롭게 하는 수학적인 마법이 있지만, 이 마법이 수학이라는 빙산에서 일부에 불과하다는 것을 알고 있었다. 그래서 2표본 t 검정(2-sample t-test)을 고안했고 회귀 계수의 분포 이론과 분산 분석 전 과정을 도출했다.

고셋의 연구가 통계를 활용한 실무에 역사적으로 어떤 영향을 미쳤는지는 피셔가 1925년에 펴내 새로운 장을 연 교재《연구원을 위한 통계 기법(Statistical Methods for Research Workers)》을 살펴보면 알 수 있다.[10] 고셋의 논문은 탁월한 발상을 선보였지만, 1표본 검정까지만이어서 쌍별 차이(pairwise difference)를 표본으로 쓸 때 말고는 거의 쓸모가 없었다. 피셔는 고셋의 발상을 놓치지 않고 2표본, 다표본으로 확장했고 바로 거기서 t 검정이 지닌 강력한 진가가 뚜렷이 드러났다. 피셔가 분산을 분석한 내용은 정말로 분산 분석 사례였으므로, 이전에는 시도조차 한 사람이 없는 방식으로 분산을 분해할 수 있었다. 그런데 모두 맞는 말은 아니다. 사실 벌써 40년 전에 에지워스가 주목할 만한 일을 해냈다.

프랜시스 에지워스와 분산 요소에 대한 이원 분석

1880년대에 에지워스가 확률 척도를 사회 과학 분야로 확장해 사용하는 데 착수했다. 이런 노력 가운데 하나로 통계표를 분석하는 법을 개발했다. 뒷날 피셔가 진행한 연구 일부를 앞지른 일이었다. 1885년 9월에 영국 애버딘에서 열린 영국 과학진흥협회 회동에서 두 사례의 맥락 속에서 자신이 고안한 방법을 발표했다. 하나는 일부러 별난 사례를 골랐고, 하나는 더 눈여겨볼 만한 사례를 사회 과학에서 골랐다.[11] 첫째 사례에서 에지워스는 베르길리우스가 쓴 서사시 〈아이네이스(Aeneis)〉의 한 구절에 나온 장단단격(고전시에서 장음절 하나 뒤에 단음절 두 개가 오는 운율)의 개수를 표로 만들었다(그림 4.4). 둘째 사례에서는 1883년에 영국 중앙 호적등기소가 보고한 잉글랜드 여섯 개 카운티의 8년치 사망률을 썼다(그림 4.5). 두 표 모두 행과 열마다 합계와 평균을 구했고 적합한 행과 열에서는 '변동(fluctuation)'이라고 이름 붙인 값, 곧 오늘날 우리가 '경험적 분산(empirical variant)'이라 부르는 값의 두 배인 $2\sum(X_1-\bar{X})^2/n$도 구했다.

통계학을 떠받치는 일곱 기둥 이야기

Æneid, XI, 1 -75.	Lines 1—5	6—10	11—15	16—20	21—25	26—30	31—35	36—40	41—45	46—50	51—55	56—60	61—65	66—70	17—75	Sums.	Means.	Fluctuations.
First foot	3	3	5	5	4	4	2	2	2	1	2	4	3	2	4	46	3·06	2·8
Second „	1	4	0	3	3	3	5	2	2	4	3	1	2	3	2	38	2·5	3·2
Third „	1	2	4	2	5	2	1	2	2	2	0	2	2	0	1	28	1·86	3·1
Fourth „	2	2	1	0	3	1	2	0	2	1	1	2	1	1	0	19	1·26	1
Sums ..	7	11	10	10	15	10	10	6	8	8	6	9	8	6	7	131	8·68	10 / 10
Means ...	1·75	2·76	2·5	2·5	3·75	2·5	2·5	1·5	2	2	1·5	2·25	2	1·5	1·75	33	2·17	2·5 / 0·6
Fluctuations	1·5	2·5	9	7	3	3	5	2	0	3	3	2·5	1	3	2·5	208 48	9·0 3·2	

그림 4.4 에지워스가 1885년에 베르길리우스의 〈아이네이스〉를 분석한 자료. 여기와 그림 4.5에서 보이는 몇 가지 수치 오류를 5장에서 스티글러가 1999년에 바로 잡았다(Edgeworth 1885).

	1876.	1877.	1878.	1879.	1880.	1881.	1882.	1883.	Sums.	Means.	Fluctuations.
Berks...........	175	172	187	186	181	153	169	166	1,389	173½	224
Herts	174	165	185	184	176	186	163	188	1,401	175	176
Bucks	182	171	186	195	179	162	177	183	1,435	179½	172
Oxford	179	182	194	183	180	169	167	166	1,420	177½	162
Bedford	196	174	203	195	198	171	181	184	1,502	188½	246
Cambridge	173	177	190	191	187	165	171	181	1,435	179½	158
Sums...........	1,079	1,041	1,145	1,134	1,101	986	1,028	1,068	8,582	1,073	1,138
Means	180	173½	191	189	183½	164	171	178	1,630	179	190 / 146
Fluctuations	124	55	77	50	107	68	73	152	—	446 88	—

그림 4.5 에지워스가 1885년에 카운티별 사망률을 분석한 자료(Edgeworth 1885)

CHAPTER 4 · 상호 비교

에지워스의 분석에는 숨은 뜻이 있었다. 두 사례 모두 자료가 수치였다. 베르길리우스의 시는 하나하나 헤아린 수치였고, 사망률은 만 명당 비율로 조정한 수치였다. 따라서 당시 빌헬름 렉시스(Wilhelm Lexis)가 개발한 접근법에서는 이항 변동에 깔린 설명을 바탕으로 분석하려 했을 것이다. 에지워스는 이 방법을 '조합적(combinatorial)'이라 불렀다. 에지워스는 이런 가정을 분명 피하고 싶어 했다. 그러므로 반드시 자료의 내부 변동에만 기대서 분석해야 했다. 골턴이 이름 붙인 **상호 비교(Inertcomparison)** 말이다. 렉시스가 쓴 방법에서는 이항 변동을 외부 기준으로 봤다. 간단한 동전 던지기 모형을 기준으로 삼고 싶은 유혹은 옛일이었다. 아버스넛과 출생 시 성비 자료를 떠올려 보라. 하지만, 더 복잡한 상황에서는 동전 던지기 모형에 대가가 따랐다. 이항 분포에서 1회당 성공 가능성이 p인 시행을 n번 할 때는 평균 np와 분산 $np(1-p)$가 단단히 연결되지만, 모든 자료가 이런 연결을 반영하지는 못한다. 사실 아버스넛이 쓴 출생 자료는 이런 연결을 반영하는 드문 경우이고, 그 뒤에 나온 자료 대부분을 보면 분석가들이 '과대 산포(over-dispersion)'라 부르는 현상이 나타난다. 과대 산포란 시행마다 p가 마구잡이로 변할 때처럼 변동이 단순 이항 분포보다 큰 경우이다. 렉시스는 에지워스를 비난하지 못했을 것이다. 요새말로 표현하자면 자료가 이항 분포를 따르든 아니든 변동이 정규 분포에 근사하는 한 에지워스는 자료를 다룰 수 있었기 때문이다.

에지워스는 오늘날 분산 성분이라 부르는 것을 추정하는 방법으로 자신의 분석을 구상했다. 예를 들어, 모든 사망률을 하나로 묶으면 전체 '변동'을 세 성분의 합 $C^2 + C_t^2 + C_p^2$ 으로 볼 수 있다. 첫째 성분은 시간(연간)과 장소(카운티)에 독립적인 임의 변동을, 둘째 성분은 시간에 따른 변동을, 셋째 성분은 장소에 따른 변동을 나타낸다. 분석가가 같은 카운티에서 시간에 따른 사망률을 비교하고 싶다면 $C^2 + C_t^2$ 의 추정 값으로 행의 평균 변동 즉 통합 변동(그림 4.5에서 190)을 써서 정확도를 평가할 것이다. 한 해에 카운티에 따른 사망률을 비교하고 싶다면 $C^2 + C_p^2$ 의 추정 값에 해당하는 수치 (그림 4.5에서 88)를 쓸 것이다. 에지워스는 임의 변동 C²을 추정하고자 행의 평균 변동에서 평균을 기록한 행의 변동을 뺀 차이 190-146=44와 열의 평균 변동에서 평균을 기록한 열의 변동을 뺀 차이 88-46=42를 놓고 저울질했다. 하지만, 대수가 아닌 수치 작업을 하던 터라 계산에 오류가 없다면 두 값 모두 2SSE/IJ와 정확히 일치해야 한다는 것을 알지 못했다. I와 J는 행과 열의 개수이고 SSE는 가법 모형(additive model)에 맞추어서 나온 잔차 제곱합이다. 비슷한 방식으로 에지워스는 베르길리우스가 시의 음보나 구절마다 운율의 장단을 달리 썼다는 증거를 찾을 수 있었다.

에지워스의 연구는 기회를 놓치는 연속이었다. 수치 오류와 어설픈 대수 적용이 작업을 망쳤다. 그가 구한 추정 값은 분산 분석의 제곱합으로 된 단순 선형 함수였고, 오늘날 살펴보니 계산 일부가 뒤에 피셔가 비슷한 분석에 쓴 F 통계량 일부와 대략 일치한다. 하지만, 에지워스에게는 분석에 같이 쓸 분포 이론이 없었다. 1920년대 중반에 이 문제에 부닥친 피셔는 완벽한 대수 구조와 직교성을 명확히 알아보았다. 이런 성질 덕분에 다변량 정규 분포의 수학적 마법을 발휘하여 행의 영향과 열의 영향을 통계적으로 분리하고 독립적인 유의성 검정으로 자료의 내부 변동에만 기대 성분별 효과를 측정할 수 있었다.

지난 20세기 후반에 컴퓨터 사용이 늘면서 컴퓨터를 집중적으로 사용하는 기법이 크게 늘었다. 그 가운데 몇 가지는 상호 비교를 쓴다고 볼 수 있다. 1950년대에 모리스 크누이(Maurice Quenouille)와 뒤이어 존 W. 튜키(John W. Tukey)가 추정의 표준 오차를 추정하는 법을 개발했다. 관측을 하나씩 차례로 제거할 때 추정 값이 얼마나 바뀌는지를 보는 방식이었다. 튜키는 이 기법을 '잭나이프(Jackknife)'라 이름하였다. 이와 관련하여 몇몇 사람들이 교차 타당화(cross-validation)라는 이름 아래 변형을 제안했다. 교차 타당화에서는 기법을 자료의 부분 집합에 적용해 결과를 비교한다. 1970년대 후반에 브래들리 에프론(Bradley Efron)이 '부트스트랩(Bootstrap)'이라 이름 붙인 방법을 선보였다. 오늘날까지 널리 쓰이는 방법으로, 무작위 복원 추출로 자료 집합을 재표집하면서 그때마다 관심 있는 통계량을 계산한다. 이렇게 얻은 '부트스트랩 표본'의 변이(variability)는 통계 모형에 기대지 않고 통계량의 변이를 평가하는 데 쓰인다.[12] 이 모든 방법에서 변이를 추정할 때 상호 비교가 들어간다.

상호 비교의 함정

자료 내 변동만을 길잡이 삼아 분석에 접근하는 방식은 함정에 빠지기 쉽다. 패턴이 나타나고 그 패턴을 설명하는 이야기가 뒤따르는 듯 보인다. 자료 집합이 클수록 이야기도 많다. 쓸모 있고 통찰력 있는 이야기도 더러 있지만, 대개는 그렇지 않다. 게다가 손꼽히는 통계학자마저 둘의 차이를 알아채지 못할 때도 있다.

윌리엄 스탠리 제번스는 경제 시계열에서 경기 순환을 따로 떼어 낸 첫 인물이 아니었다. 경기 순환과 태양 흑점의 활동 주기가 비슷하니 연관이 가능하다는 것을 처음으로 알아낸 사람도 아니었다. 하지만, 1870년대에 대중과 전문가가 비웃는 데도 굴하지 않고 전임자들을 훌쩍 넘어설 만큼 이런 발상에 끈질기게 몰두했기에 후임자들에게 대단한 인물로 우뚝 섰다.

천문학 역사에서는 주기를 세밀히 연구하여 위대하기 그지 없는 발견을 몇 가지 이루었다. 하지만, 사회 과학에서 주기는 상황이 달랐다. 경기 순환이 실제로 주기를 타기는 하지만, 이동이 잦다. 어느 경마 분석가의 말을 빌리자면 '주마등 같은 주기'다. 제번스는 1860년대와 1870년대에 다양한 경제 자료를 연이어 꼼꼼히 연구했다. 그리고 마침내 몇몇 다른 이들이 찾아낸 규칙성(regularity)이 진짜로 존재하는 현상이라는 결론에 다다랐다. 즉, 약 10.5년마다 정기적으로 큰 불경기가 일어나는 경기 순환이 있었다.[13] 제번스는 1700년대 후반부터 1870년대까지 출간된 다양한 저술에서 자료를 갖다 썼고, '끝내는 더 오래된 기록을 뒤져 주가 폭락 사건인 1720년 남해포 말사건(South Sea Bubble)까지 집어넣었다. 자료를 처음 살펴보니 예상 시기 근방에서 큰 불경기가 나타나지 않았다. 하지만, 사료를 샅샅이 뒤져보니 적합한 시기에 적어도 작은 불경기가 있었다고 주장할 수 있었다. 그런데 원인이 무엇이었을까?

제번스보다 훨씬 앞서 윌리엄 허셜(William Herschel)이 태양 흑점이 크게 폭발할 때 보이는 규칙성을 경기 순환과 관련지을 수 있다고 주장했다. 하지만, 이런 주장을 펼친 사람들은 불일치에 가로막혔다. 흑점 활동이 정점에 이르는 주기가 11.1년이었다. 그러니까 당시에는 그렇게 믿었다. 그 뒤로 몇십 년 동안 흑점 주기 11.1년과 경기 순환 주기 10.5년은 계속 엇갈렸다. 그러나 1870년대 중반에 A. J. 브룬(J. A. Broun)이 연구 끝에 흑점 주기를 11.1년에서 10.45년으로 수정하자 이 문제에 흥미를 보였던 제번스는 아예 이를 파고들었다. 심지어 흑점 계열까지 '개선'했다. 계열에 공백이 있을 때에 열심이었던 제번스가 인정할 수 있는 사소한 극댓값을 찾아냈던 것이다.

통계학을 떠받치는 일곱 기둥 이야기

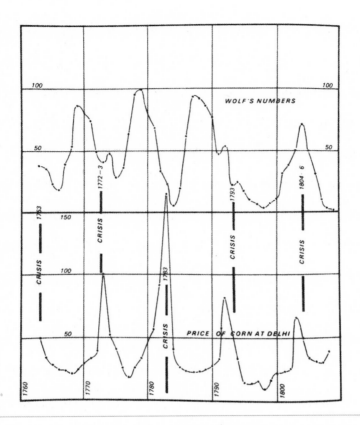

그림 4.6 제번스가 그린 도표. 1882년부터 거슬러 올라가 흑점 활동과 불경기의 관계를 보여준다(Jevons 1882).

　　무언가 부인하지 못할 연관이 있어 보였다. 마침내 제번스가 인도 델리의 곡물 가격 통계량에서도 길이가 거의 같은 주기를 찾아내어 입증을 마무리 지었다. 흑점 같은 태양 활동이 기후에 영향을 줄 수 있다는 말은 타당한 측면이 있었고, 인도 사례에서처럼 영향이 두드러질 때는 무역에도 영향을 끼칠 만했다. 결국 1878년에 일어난 영국의 불경기는 글래스고 씨티은행의 파산을 촉발했는데, 당시 인도에 기근이 들어 무역이 부진해서였다. 이 이론은 불경기가 늦게 찾아온 이유를 덤으로 설명했다. 영국의 불경기는 델리 가격 계열을 몇 년 차이로 뒤따랐다. **그림 4.6**은 제번스가 1882년 7월에 "네이처" 지에 발표한 마지막 논문에서 가져왔다(제번스는 마흔여섯 살이던 1882년 8월 13일에 익사 사고로 죽었다).[14] 그림에서 태양의 흑점 계열(볼프 흑점수), 델리의 곡물 가격(옥수수), 제번스가 추정한 영국의 주요 불경기 연대가 보인다. 이런 자료를 고르고 재계산하느라 얼마나 정밀히 검사하고 탐구했을지 생각하니 정말 놀랍다는 느낌이 든다. 모든 사람이 입을 떡 벌리고 보지는 않겠지만 말이다.

당시 제번스는 웃음거리가 되었다. 1879년 영국 왕립 통계학회(Statistical Society of London) 모임에서 '태양의 흑점 수가 적정한 수준으로 나타났으니 분명히' 1~2년 안에 경기가 회복할 것으로 본다고 발언했을 때 참석자들은 비웃음을 감추지 못했다.[15] 그해 통계학회지에 익명으로 쓴 짧은 논문 두 편이 실렸다. 한 편은 흑점이 많을수록 케임브리지와 옥스퍼드의 연례 조정 경기에서 케임브리지가 얼마나 앞섰는지를 다뤘고, 한 편은 사망률과 목성의 운행 사이에 연관이 있을 것이라는 가정을 다루었다. 1863년에 골턴은 이렇게 적었다. "선입견을 지닌 사람 손에서 때에 따라 **빼버리고** 슬쩍슬쩍 고치는 권리가 행사되면서 횟수가 제한된 관측이 얼

통계학을 떠받치는 일곱 기둥 이야기

마나 바꾸기 쉬운지를 보노라면 정말 어처구니가 없다."[16] 물론 악의가 조금도 없는 시계열마저 속기 쉬운 패턴을 보이기도 한다. 1926년에 G. 우드니 율(G. Udny Yule)은 도발적인 제목을 붙인 논문 '왜 우리는 시계열 사이에서 때로 터무니없는 상관을 얻는가?(Why Do We Sometimes Get Nonsense-Correlations between Time-Series?)'에서 간단한 자기 회귀 시계열이 제한된 기간에서 주기성을 보이는 것을 증명했다.[17] 다만, 나름의 친절에서였겠지만 제번스를 언급하지는 않았다.

CHAPTER 5

회귀

다변량 분석, 베이즈 추론, 인과 관계 추론

찰스 다윈(Charles Darwin)은 고등 수학을 거의 쓰지 않았다. 그리고 1885년 오랜 친구이자 육촌 형인 윌리엄 다윈 폭스에게 보낸 편지에서 자기 생각을 이렇게 요약했다. "나는 실측과 비례법을 쓰지 않은 것은 어떤 것도 믿지 않는다."[1] 이 표현은 뒷날 칼 피어슨 때문에 유명해졌다. 피어슨이 1901년에 새로운 학술지 "바이오메티카"의 좌우명으로 삼은 데다, 1925년에 창간한 학술지 "우생학 연보(Annals of Eugenics)"에서는 한발 더 나아가기까지 했기 때문이다. 피어슨은 다윈의 표현을 발행본 속표지마다 빠짐없이 넣었다(그림 5.1). 피어슨이 다윈의 저술에서 발견할 수 있었듯이 이 표현은 수학을 향한 지지에 가까웠다.

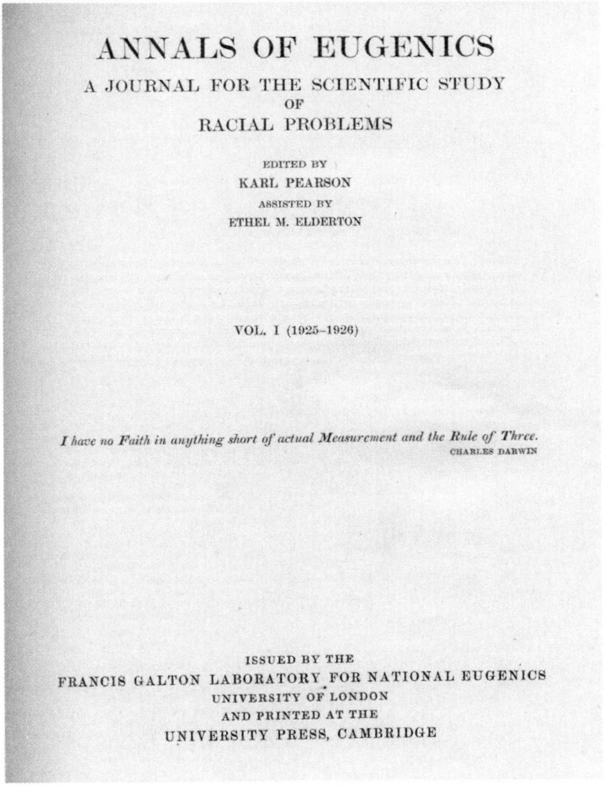

ANNALS OF EUGENICS

A JOURNAL FOR THE SCIENTIFIC STUDY
OF
RACIAL PROBLEMS

EDITED BY
KARL PEARSON
ASSISTED BY
ETHEL M. ELDERTON

VOL. I (1925–1926)

I have no Faith in anything short of actual Measurement and the Rule of Three.
CHARLES DARWIN

ISSUED BY THE
FRANCIS GALTON LABORATORY FOR NATIONAL EUGENICS
UNIVERSITY OF LONDON
AND PRINTED AT THE
UNIVERSITY PRESS, CAMBRIDGE

그림 5.1 "우생학 연보" 첫 발행본의 속표지

다윈이 실측에 값어치를 둔 것은 확실히 맞았지만, 비례법을 믿은 것은 잘못이었다. 당시 유클리드 원론 5권을 배운 영국 사람치고 다윈이 말한 비례법을 모르는 이는 없었을 것이다. 만약 $a/b = c/d$ 라면 a, b, c, d 가운데 어떤 셋을 고르면 나머지 하나는 충분히 결정된다는 간단한 수학 명제이기 때문이다. 다윈에게 비례법은 외삽법(extrapolation)에 쓰기 편리한 도구였을 테고, 다윈 이전에도 많은 이들이 비례법을 그런 용도로 썼다(**그림 5.2**). 1600년대에는 존 그론트(John Graunt)와 윌리엄 페티(William Petty)가 비례법에 해당하는 비율을 써서 인구 및 경제 활동을 추정했다. 1700년대 와 1800년대 초반에도 마찬가지여서, 피에르 시몽 라플라스와 아돌프 케틀 레가 비례법을 썼다.

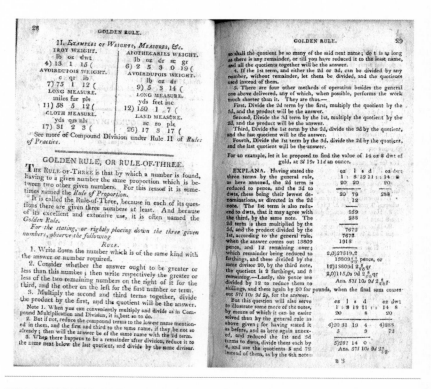

그림 5.2 다윈이 보았을지 모를 1825년 교재 내용. 예제를 보면 이렇다. "예를 들어, 1온스당 금값이 3파운 드 19실링 11페니일 때 금 14온스 8디나리우스의 가격을 구한다고 해보자." 영국식 도량법 탓에 간단한 외 삽법 문제가 거의 한 페이지를 써 풀어야 하는 문제로 바뀌었다(Hutton ca. 1825).

통계학을 떠받치는 일곱 기둥 이야기

다윈은 물론 다윈 이전 사람 누구도 비례법이 내놓는 분석 증거가 얼마나 설득력이 없는지 몰랐다. 비례 배분을 쓰는 상거래와 유클리드 수학 문제에는 비례법이 잘 들어맞는다. 하지만, 변동과 측정 오차가 있는 과학 문제에서는 하나도 들어맞지 않는다.[2] 그런 경우 비례법은 틀린 답을 내놓을 것이다. 결과가 차츰차츰 치우쳐 오차가 꽤 클 것이다. 하지만, 다른 방법을 써서 오차를 줄일 수 있다. 다윈이 죽은 지 3년 뒤 발견된 이 사실이 바로 다섯째 기둥이다. 발견자는 다윈의 사촌 프랜시스 골턴이었다. 골턴은 1885년 9월 10일 스코틀랜드 애버딘에서 발표한 연설에서 광범위하게 영향을 끼칠 놀라운 현상을 발견했음을 알렸다. 그리고 이 현상을 '회귀(Regression)'라 이름하였다.[3] 회귀라는 기본 개념 덕분에 통계학은 1885년 이후로 50년 넘게 굵직한 발전을 이루었다. 회귀를 발견한 이야기가 흥미롭지만, 그 이야기를 하기에 앞서 유클리드의 오류가 무엇이었고, 어떻게 수천 년 동안 오류를 눈치채지 못한 채 계속 사용했는지 설명하는 것이 나을 것이다.

골턴이 검토한 사례 가운데 하나만을 살펴보자. 인류학에서 오늘날에도 흔히 보는 문제다.[4] 남자 해골 일부를 발견했다고 해보자. 뼈는 길이 T인 온전한 넓적다리뼈 달랑 하나고 인류학자는 남자의 키 H를 알고 싶다. 인류학자에게는 비교로 삼을 완전한 해골이 여럿 있어서 쌍을 이룬 집합 (T, H)를 얻어 산술 평균 m, m를 계산해 놓았다. 그러므로 두 평균과 측정한 T, 그리고 m/m＝T/H인 관계식에서 비례법을 이용해 미지인 H를 추정할 계획이었다. 만약 유클리드가 생각한 대로 관계식이 수학적으로 정확해 T/H의 비율이 모두 같다면 계획대로 일이 풀릴 것이다. 하지만, 여기에는 과학적으로 흥미로운 모든 문제가 그렇듯 변동이 있다. 게다가 골턴이 찾아낸 회귀 현상은 비례법이 부적절함을 나타낸다. 극단적으로 말해 T와 H가 변하지만, 둘 사이에 상관관계가 없다면 H를 아무리 잘 추정해도 T를 반영하지 못한다. 그저 m일 뿐이다. T와 H가 완벽히 상관할 때만 유클리드 비례법에서 정답이 나온다. 중간 정도로 상관할 경우 골턴이 알아낸 바로는 해법도 거기에 맞추어 나왔다. 신기하게도 T에서 H를 예측하는 관계는 H에서 T를 예측하는 관계와 뚜렷이 달랐다. 그리고 둘 다 유클리드 비례법과 일치하지 않았다.

다윈에서 골턴의 발견으로 가는 길

다윈이 1859년에 《종의 기원(Origin of Species)》을 발표했을 때는 이론이 완전하지 않았다. 1882년 그가 죽는 날까지도 마찬가지였다. 이론은 모두 불완전하기 마련이다. 그래서 이론이 정교해질수록 해야 할 일이 늘 더 늘어난다. 그런 의미에서 이론은 결과물이 많을수록 더 불완전하다. 하지만, 다윈의 이론은 더 근본적으로 불완전했다. 널리 언급되었다면 어려움을 불러

올 만한 문제가 남아 있었기 때문이다. 이해하기 까다로운 문제였던 까닭에 다윈이 죽은 지 3년 뒤 골턴이 해법을 찾아내고서야 다윈의 주장이 비로소 오롯이 인정받고 설명되었다.[5]

그 문제는 다윈이 주장의 바탕으로 삼은 근본 구조와 얽혀 있었다. 자연 선택에 따른 진화를 입증하려면 종 안에 유전되는 변이성이 충분하다는 가정을 반드시 세워야 했다. 자녀에게는 부모와는 다른 점이 유전되어야 한다. 그렇지 않으면 세대 간 변화가 절대 일어나지 않는다. 《종의 기원》은 첫 장에서 매우 확신에 찬 태도로 야생 동식물 집단, 가축 및 농작물 모두에 이 가정을 적용했다.[6] 그렇게 함으로써 다윈은 문제, 즉 확연한 모순을 이론 안에 무심코 심어 놓았다.

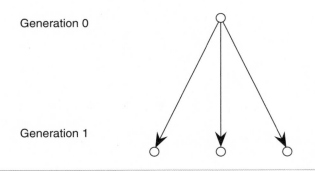

그림 5.3 한 세대가 자식에게 물려주는 변이

살펴보니 다윈이 살아 있는 동안 문제를 알아챈 사람은 겨우 둘 뿐이다. 1867년에는 책을 검토하던 공학자 플레밍 젱킨(Fleeming Jenkin)이,

그리고 1887년에는 골턴이 알아챘다. 젱킨은 문제 가운데 한 부분만을 알아본 데다 상관없는 다른 사안을 이야기하느라 그 일부에도 주의를 기울이지 않았다.[7] 1877년에 골턴은 이 사안을 논리 정연하게 설명하며 이것이 심각한 도전이라고 주장했다.[8] 골턴의 체계적 설명을 그림으로 요약할 수 있다. 다윈은 세대 간 전이 때문에 부모가 자식에게 유전하는 변이를 물려준다고 확신에 차 가정했다(**그림 5.3**).

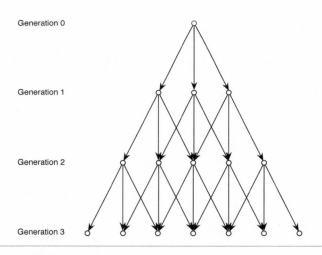

그림 5.4 세 세대에 걸쳐 커진 변이

부모가 같더라도 자식들은 다른 유전 형질을 물려받을 것이다. 골턴은 문제를 전반적으로 고려했지만, 형질이 성인 신장, 즉 어른의 키라고 생각하면 도움이 되었을지도 모른다. 골턴은 알려진 성별 키 차이를 반영해 여성의

통계학을 떠받치는 일곱 기둥 이야기

키를 1.08배 늘려 이 형질을 폭넓게 연구했다. 그런데 형질이 부모에서 자식으로 내려갈 때 변이가 커진다면 다음 세대에서는 어떻게 될까? 같은 양상을 계속 되풀이하여 한 세대씩 내려갈 때마다 변이가 커지지 않을까(**그림 5.4**)?

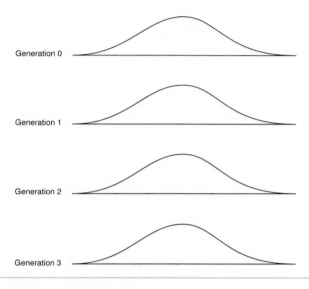

Generation 0

Generation 1

Generation 2

Generation 3

그림 5.5 개체군 다양성이 세 세대에 걸쳐 안정되어 있다.

하지만, 변이가 커지는 것을 관측하려면 단기간이 아니라 여러 세대가 지나야 한다. 게다가 종이 같으면 여러 세대를 내려가도 개체군 다양성(diversity)이 거의 같다(**그림 5.5**). 기간이 짧으면 개체군 산포(dispersion)가 일정하다. 사실 이런 안정성이야말로 종을 정의하는 밑바탕이다.

올해 수확한 곡물은 크기나 색이 지난해나 지지난해와 마찬가지로 다양하다. 자연에서는 물론이고 번식을 적극적으로 관리하지 않는 한, 농작물에서도 마찬가지다. 인간 개체군도 식습관을 뚜렷이 바꾸지 않는 한, 세대 간에 몸집이 차이 나지 않는다.

골턴이 목표한 것은 장기간에 걸친 종의 진화가 아니었다. 다윈이 제시한 근거대로 중요한 변화가 일어났고 앞으로도 일어나리라고 굳게 믿었기 때문이다. 골턴은 기간이 짧을 때를 걱정했다. 환경이 급격히 바뀌지만 않는다면 평형에 적어도 근접했다고 기대할 만큼 기간이 짧을 때마저 자신이 '전형적 유전'이라 부른 것에까지 다윈의 이론을 적용할까 봐 염려하였다. 조금이라도 평형에 근접하면 다윈이 필요로 했고 존재를 입증한 변이성이 개체군에서 관측한 단기간 안정성과 충돌하였다. 증가한 변이성을 누그러뜨리면서도 세대 간에 유전되는 변이는 받아들이는 어떤 힘을 발견하지 못한다면 다윈이 제시한 모형은 작동하지 않을 것이었다. 골턴은 10년을 애쓴 끝에 그 힘을 찾아냈다. 그리하여 사실상 다윈의 이론을 구했다.

골턴은 일련의 유사 모형 측면에서 해법을 구상했다. 그런데도 순수하게 수학적이므로 주목할 만했다. 엄밀히 말해 초기 생물학에서는 독보적일 것이다. 윌리엄 하비(William Harvey)가 혈액 순환을 발견하면서 산술 계산을 바탕으로 삼기는 했지만, 대부분은 경험에 의존했다. 로렌초 벨리니(Lorenzo Bellini)와 아치볼드 피트케언(Archibald Pitcairne) 같은 초기 과학자들이 수학적으로 약물을 만들어 보려 했지만, 성공했다는 기록은 없다.[9] 무엇보다도 멘델의 연구가 재발견되는 때보다 무려 20년 가까이 앞서, 유전학을 조금도 알지 못했던 골턴이 멘델 유전학의 실제 결론 몇 가지를 입증할 수 있었다.

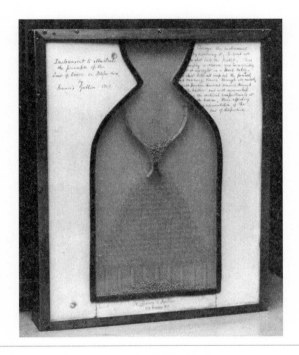

그림 5.6 1873년에 맨 처음 만든 퀸컹스. 1874년에 진행할 대중 강연에 쓰려고 제작한 것이다. 맨 아래 납 구슬이 종 모양 곡선처럼 보인다(Stigler 1986a).

골턴은1873년에 세대 사이에 일어나는 변이성을 나타내려고 퀸컹스 (Quincunx)라는 이항 분포 실험기를 고안하면서 연구를 시작했다. 이 장치는 갈퀴 살처럼 늘어선 핀을 여러 줄 엇갈리게 박은 다음 그 사이로 납 구슬을 떨어뜨리도록 고안되었다. 구슬은 핀을 한 줄 한 줄을 지날 때마다 제멋대로 왼쪽이나 오른쪽으로 방향을 바꾸다 마침내 맨 아래 여러 칸 가운데 하나에 들어갔다(**그림 5.6**).

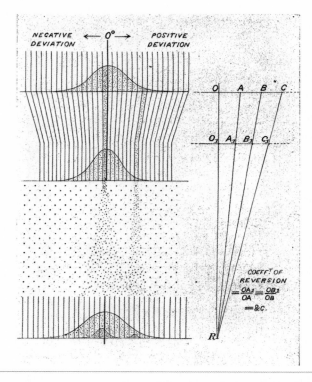

그림 5.7 골턴이 1877년에 만든 퀸컹스. 위쪽 가까이 있는 기울어진 미끄럼틀이 어떻게 아래쪽의 산포 증가를 상쇄해 개체군 산포를 일정하게 유지하는지, 가장 아래 단계까지 이르는 과정에서 위 단계에 있는 두 신장 집단의 자식들을 어떻게 추적할 수 있는지를 보여준다(Galton 1877).

1877년에 골턴은 이 생각을 확장해 이런 변이성이 다음 개체군 분포에 미치는 효과를 보였다. **그림 5.7**에서 맨 위 단계는 개체군 분포, 그러니까 첫 세대의 신장을 나타낸다. 왼쪽으로 갈수록 키가 작고 오른쪽으로 갈수록 키가 크며 얼추 종 모양으로 정규 분포한다.

개체군 산포를 일정하게 유지하려면 '기울어진 미끄럼틀(inclined chutes)'이라 그가 이름한 것을 도입해서 분포가 세대 간 변이성에 영향받기 전에 분포를 좁혀야 했다. 이 과정에서 골턴은 신장이 비슷한 두 대표 집단에 변이성이 어떤 영향을 미치는지를 한 번은 중앙에서, 한 번은 오른쪽에서 도표로 보였다. 각각은 바로 아래 자식 세대에서 작은 분포로 나타나, 면적이 원래 집단의 크기에 비례하는 작은 정규 분포 곡선을 이루었을 것이다. 골턴은 세대 간 균형을 유지하려면 홈통의 기울기를 얼마로 해야 할지를 정확히 계산했다(골턴은 이 기울기를 환원 계수(coefficient of reversion)라 불렀다). 하지만, 왜 홈통이 거기 있는지를 설명하지 못해 무척이나 쩔쩔맸다. 1877년에는 개체군 평균에서 멀리 떨어진 무리일수록 덜 생존한다는 경향, 즉 적응도 감소를 나타낸다고 제안한 것이 그나마 최선이었다. 하지만, 부득이하게 둘러댄 이유였으므로 정확하게 균형을 이루려면 상당한 정도로 우연의 일치가 필요해 보였기에 골턴은 이 제안을 두 번 다시 꺼내지 않았다.

골턴은 마침내 해법에 다다랐고 이 과정에서 멋진 장치를 썼다. 골턴이 1889년에 발표한 도표를 손질한 **그림 5.8**을 살펴보며 골턴의 해법을 알아보자.[10] 먼저 왼쪽 판으로 눈길을 돌리면 중간(A)에 방해물이 있는 퀸컹스가 보인다. 따라서 납 구슬은 중간에서 멈춘다. 맨 아래(B)는 방해물이 없었다면 나타났을 윤곽이다. A 단계와 B 단계에서 보이는 분포의 윤곽이 비슷하고, 차이점이라면 다만 중간 단계 A가 아래 단계인 B보다 더 대충 그려졌고(내가 덧붙인 것이다.) 예상대로 더 몰려 있다. A 단계에서는 구슬이 변동의 절반가량에만 영향받기 때문이다.

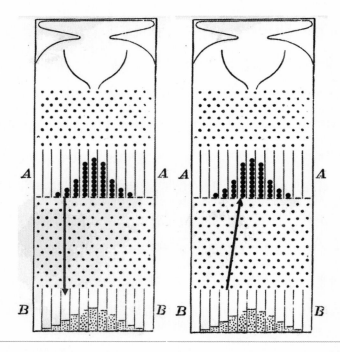

그림 5.8 1889년에 발표한 도표를 손질한 그림. 왼쪽 판은 위쪽 칸에서 떨어뜨린 구슬이 마지막으로 도착한 평균 위치를 보여주고, 오른쪽 판은 아래쪽 칸에 도착한 구슬이 처음에 있던 평균 위치를 보여준다(Galton 1889).

골턴은 다음과 같은 역설을 보았다. 가령 중간 단계에 있는 칸 하나, 그러니까 왼쪽 판에서 화살표로 표시한 곳에서 구슬을 떨어뜨린다고 해보자. 그러면 구슬이 왼쪽이나 오른쪽으로 마구잡이로 떨어지겠지만, 보통은 바로 아래로 떨어질 것이다. 달리 말해 어떤 구슬은 왼쪽으로, 어떤 구슬은 오른쪽으로 방향을 바꾸겠지만, 한쪽으로 치우치는 경향은 조금도 뚜렷하지 않을 것이다. 하지만, 왼쪽 판 중간 단계에 있는 구슬을 모두 떨어뜨려 B 단계에 다다르게 한 뒤에, 아래쪽 칸 하나를 살펴보며 이 구슬이 어디에서 내려왔을 것 같으냐고 묻는다면, 답은 '바로 위'가 아니다. 그러기는커녕 구슬이 있던 곳이 대개는 한가운데 근처다! (**그림 5.8**의 오른쪽 판) 이유는 간단하다. A 단계 왼쪽에서 오른쪽으로 뚝 떨어져 그 칸으로 들어갈 구슬보다는 A 단계 한가운데에서 왼쪽으로 뚝 떨어져 그 칸으로 들어갈 구슬이 더 많기 때문이다. 그러므로 다른 관점에서 나온 두 질문은 답도 근본적으로 다르다. 우리가 순진하게 기대할 만한 단순한 상반성(a→b일 때와 b→a일 때 반응이 같은 성질: 옮긴이)은 보이지 않는다.

퀸컹스와 골턴이 모은 자료 사이에 어떤 관계가 있는지 살펴보자. **그림 5.9**는 골턴이 부모 205쌍에서 태어난 자녀 928명의 성인 키를 교차 분류한 표이다. 부모 키(Heights of the Mid-parents)'는 어머니의 키를 1.08배 늘린 뒤 아버지의 키와 평균하여 요약했다.[11] 딸의 키도 마찬가지로 1.08배 늘렸다. 성인 자녀 수 합계(Total Number of Adult Children) 열을 보라. 이

열이 맨 왼쪽 열에 분류한 집단들이 퀸컹스의 A 단계에서 보이는 수치라고 해보자. 표에서 행들은 각 집단 안에서 자녀가 보이는 변이성 내용을 알려준다. 이를테면 키 72.5인치로 분류한 행에서는 부모가 여섯 쌍이다. 이들이 낳은 자녀 열아홉 명은 성인 키가 68.2인치부터 73.2인치 이상(above)까지여서 골턴이 **그림 5.7** 아래쪽에 그린 작은 정규 곡선과 형태가 비슷하다. 따라서 행마다 원칙적으로 작은 정규 곡선을 그리고, 총계(Totals) 행은 퀸컹스의 아래 단계(**그림 5.8**의 B 단계)에서 각 칸에 해당하는 값을 보여준다.

NUMBER OF ADULT CHILDREN OF VARIOUS STATURES BORN OF 205 MID-PARENTS OF VARIOUS STATURES.
(All Female heights have been multiplied by 1·08).

Heights of the Mid-parents in inches	Heights of the Adult Children.														Total Number of		Medians.
	Below	62·2	63·2	64·2	65·2	66·2	67·2	68·2	69·2	70·2	71·2	72·2	73·2	Above	Adult Children.	Mid-parents.	
Above	..	..	..	..	..	..	..	..	..	..	..	1	3	..	4	5	..
72·5	..	..	..	..	..	..	..	1	2	1	2	7	2	4	19	6	72·2
71·5	..	..	..	1	3	4	3	5	10	4	9	2	2	..	43	11	69·9
70·5	1	..	1	..	1	1	3	12	18	14	7	4	3	3	68	22	69·5
69·5	..	..	1	16	4	17	27	20	33	25	20	11	4	5	183	41	68·9
68·5	1	..	7	11	16	25	31	34	48	21	18	4	3	..	219	49	68·2
67·5	..	3	5	14	15	36	38	28	38	19	11	4	..	..	211	33	67·6
66·5	..	3	3	5	2	17	17	14	13	4	..	..	..	..	78	20	67·2
65·5	1	..	9	5	7	11	11	7	7	5	2	1	..	..	66	12	66·7
64·5	1	1	4	4	1	5	5	..	2	..	..	..	..	..	23	5	65·8
Below	1	..	2	4	1	2	2	1	1	..	..	..	..	..	14	1	..
Totals	5	7	32	59	48	117	138	120	167	99	64	41	17	14	928	205	
Medians	..	..	66·3	67·8	67·9	67·7	67·9	68·3	68·5	69·0	69·0	70·0	..	..			

NOTE.—In calculating the Medians, the entries have been taken as referring to the middle of the squares in which they stand. The reason why the headings run 62·2, 63·2, &c., instead of 62·5, 63·5, &c., is that the observations are unequally distributed between 62 and 63, 63 and 64, &c., there being a strong bias in favour of integral inches. After careful consideration, I concluded that the headings, as adopted, best satisfied the conditions. This inequality was not apparent in the case of the Mid-parents.

그림 5.9 골턴이 가족 간 키를 분류한 자료(Galton 1886)

키가 퀸컹스와 똑같이 작용한다면 자녀의 키는 부모의 키와 직결해야 한다. 표 맨 오른쪽 열(Medians)은 각 부모 키 집단(그룹으로 묶지 않은 자

통계학을 떠받치는 일곱 기둥 이야기

료에서 계산한 것이 분명한, 작은 정규 곡선과 비슷한 각 집단)에 해당하는 자녀 키의 중간값이다. 골턴은 중간값들이 바로 아래로 떨어지지 않는 것을 알아챘다. 중간값은 오히려 전체 평균에 가까이 가는 경향을 보인다는 것을 알아챘다. 기울어진 홈통이 틀림없이 있다는 명확한 신호였다! 분명히 보이지는 않았다. 하지만, 골턴이 1877년에 발표한 도표가 홈통에 부여한 임무를 무언가 신비로운 방식으로 수행하고 있었다. 골턴은 도표(**그림 5.10**)로 이 임무를 명확하게 보여주었다.

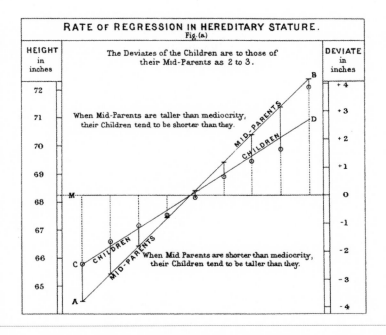

그림 5.10 이 도표에서 골턴은 그림 5.9의 맨 왼쪽 열과 맨 오른쪽 열의 수치를 점 찍어 자녀의 키가 부모 키의 가중 평균보다 개체군 평균에 가까워지는 경향 곧 '평범으로의 회귀'를 보여주었다(Galton 1886).

골턴은 열의 중간값에서도 같은 현상을 알아냈다. 각 자녀 집단의 부모 키 평균은 자녀 키 평균보다 중앙(평범)에 더 가까웠다. 골턴이 예상한 바였다. 아주 크거나 작은 자식을 낳을 수 있는 보통 키 부모가 그리 크지도 작지도 않은 자녀를 낳을 수 있는, 매우 크거나 작은 부모보다 많기 때문이었다. 하지만, 기울어진 홈통은 어떻게 작동했을까? 골턴은 무어라 설명했을까?

Relative number of Brothers of various Heights to Men of various Heights, Families of Five Brothers and upwards being excluded.

Heights of the men in inches.	Heights of their brothers in inches.													Total cases.	Medians.
	Below 63	63·5	64·5	65·5	66·5	67·5	68·5	69·5	70·5	71·5	72·5	73·5	Above 74		
74 and above	1	1	..	..	..	..	..	1	1	..	5	3	12	24	
73·5	..	..	..	..	..	1	3	4	8	3	3	2	3	27	
72·5	..	..	..	..	1	1	6	5	9	9	8	3	5	47	71·1
71·5	..	1	..	1	2	8	11	18	14	20	9	4	..	88	70·2
70·5	..	..	1	1	7	19	30	45	36	14	9	8	1	171	69·6
69·5	..	1	2	1	11	20	36	55	44	17	5	4	2	198	69·5
68·5	..	1	5	9	18	38	46	36	30	11	6	3	..	203	68·7
67·5	2	4	8	26	35	38	38	20	18	8	1	1	..	199	67·7
66·5	4	3	10	33	28	35	20	12	7	2	1	..	..	155	67·0
65·5	3	3	15	18	33	36	8	2	1	1	..	..	..	110	66·5
64·5	3	8	12	15	10	8	5	2	1	..	..	..	..	64	65·6
63·5	5	2	8	3	3	4	1	1	..	1	..	..	1	20	
Below 63	5	5	3	3	4	2	..	..	..	..	..	..	1	23	
Totals	23	29	64	110	152	200	204	201	169	86	47	28	25	1329	

그림 5.11 골턴이 1886년에 형제 간 키를 분류한 자료(Galton 1886)

1885년에 골턴은 증거를 하나 더 얻었다. 기울어진 홈통 현상에 새로운 빛을 던진 증거였다.[12] 한 해 전 진행한 연구에서 여러 가족을 조사한 자료를 얻자, 부모와 자녀를 연구했던 방식으로 형제간 자료를 살펴봐야겠다고

통계학을 떠받치는 일곱 기둥 이야기

생각했다. 결과는 놀랄 만치 비슷했다. 즉 연관 형태가 같았다(키는 집안 내력이었다). 하지만, 정말 놀라운 일은 형제 사이에서도 '회귀'를 찾아냈다는 것이다. 그림 5.11에서 가장 오른쪽 열을 보자. 여기에서도 중간값이 기대했을 법한 값보다 '평범'에 체계적으로 더 가깝다.

　　이 사실이 놀라운 이유는 간단했다. 표에서 형제 사이에 방향성이 손톱만큼도 보이지 않았다. 형제 어느 쪽도 다른 쪽에서 키를 물려받지 않았다. 골턴이 다양한 퀸컹스를 써 포착하려 한 상황에 방향성 있는 흐름이 전혀 없었다. 형제 간 자료는 뚜렷이 대칭을 이루었다. 오타가 아니라면 형제간 키를 가로 칸과 세로 칸에 한 번씩, 틀림없이 모두 두 번 넣었다. 63인치 이하와 74인치 이상인 형제로 왼쪽 위 구석과 오른쪽 아래 구석에 표기한 두 사람은 틀림없이 같다. '기울어진 미끄럼틀'이 여기서 어떻게 작용할 수 있었을까? 게다가 유전마저 작용하지 않는 듯 보인다. 골턴이 보기에 이를 설명하려면 생물학이 아니라 통계학이 반드시 있어야 했었을 것이다.

　　골턴은 부모와 자녀 자료로 돌아가 수치를 네 칸씩 묶어 평균하고 어림해서 매끈하게 다듬었다. 패턴이 더 잘 드러나게 하려는 목적이었다. 표에서 수치가 밀집한 영역 주위로 타원이 얼추 윤곽을 드러낸 것이 보였다. 골턴은 퀸컹스가 하는 작용을 수학적으로 기술했다. 그리고 케임브리지 대학교 수학자에게 도움을 받아 표를 설명할 이론, 오늘날 이변량 정규 밀도라 부르는 것을 찾아냈다. 여기에는 장축과 단축, 그리고 무엇보다도 '회귀선'이 둘 있었다(그림 5.12).[13] 하나는 부모 키에 따른 자녀의 기대 키를 나타내는 이론적 선(ON)이었고, 하나는 자녀 키에 따른 부모의 기대 키를 나타내는 선 (OM)이었다.

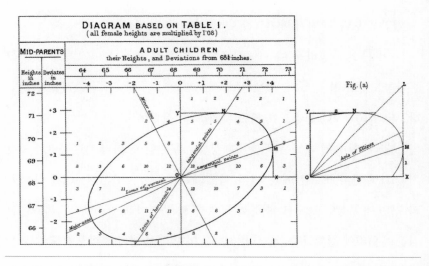

그림 5.12 골턴이 1885년에 그린 도표. 두 회귀선 ON과 OM이 보인다. 오른쪽 작은 도표에서는 비례법으로 그은 선을 OL로 나타냈다(Galton 1886).

통계적 현상에 숨은 본질이 뚜렷이 드러났다. 이변량 밀도를 써 그은 이론적 선이든 표를 써 그은 수치적 선이든 서로 다른 두 방향으로 평균을 내어 선들을 구했으므로, 표에 있는 모든 자료가 대각을 이루지 않는 한 선들은 일치하지 않을 것이다. 골턴이 1888년 후반에 이 자료를 염두에 두고 소개한 용어를 빌리자면, 두 특성이 1로 상관하지 않는 한 선들은 달라야 했고 각 선은 완전 상관하는 경우(타원의 장축)와 조금도 상관하지 않는 경우 (중앙을 지나는 수평선과 수직선)의 중간이어야 했다. 흥미롭게도 골턴이 그

통계학을 떠받치는 일곱 기둥 이야기

린 도표에 비례법으로 구한 선도 나온다. 오른쪽 그림에 있는 선 OL로, 회귀선과 일치하지도 않고 특별한 통계적 해석도 없다. 이 경우 OL은 그저 45° 대각선이며 부모 개체군의 평균 키와 자녀 개체군의 평균 키가 같음을 나타낸다.

골턴의 해석

골턴은 1889년에 펴낸 책 《자연의 유전(Natural Inheritance)》에서 연구를 요약했다. 자기 생각을 말로 풀어내 만약 P가 관련 개체군의 평균 신장이라면 형제 중 한 명의 신장을 알 때 "다른 한 명은 두 가지 다른 경향을 보이는데, 하나는 알려진 형제를 닮는 것이고 다른 하나는 개체군을 닮는 것이다. 형제를 닮을 때는 형제만큼 P에서 벗어나는 경향을 보이고 개체군을 닮을 때는 P에서 조금도 벗어나지 않는다. 따라서 결과는 중간값이다."[14] 현대 용어로 말하자면 형제의 신장을 S1과 S2로 나타낼 수 있고 각 신장은 두 성분의 합으로, S1=G+D1, S2=G+D2이다. 이때 G는 형제 둘 모두에게 공통인 관측되지 않은 지속 성분(두 사람이 공통으로 지닌 유전 성분)이고 D1과 D2는 관측되지 않은 일시 또는 임의 성분으로 서로 상관하지 않고 G와도 상관하지 않는다. 골턴이 말한 P는 개체군의 G를 모두 평균한 값을 나타냈을 것이다.

그러므로 우리는 회귀라는 발상을 선택 효과로 설명할 수 있다. 관측해 보니 형의 신장 S1이 개체군 평균 P보다 큰 쪽으로 벗어난다면 대개 S1은 두 가지 이유가 어느 정도 균형을 맞추는 선에서 아마 벗어날 것이다. 하나는 개체의 G가 P보다 어느 정도 큰 쪽으로 달라지기 때문이고 하나는 D1이 0보다 어느 정도 큰 쪽으로 달라지기 때문이다. 동생에게 눈길을 돌리면 동생의 G는 형과 같겠지만, 대개 D2의 기여도는 0일 것이다. 따라서 S2의 기댓값은 P보다는 크겠지만, G+D1이 아닌 G 정도로 한정되므로 S1만큼 크지 않을 것이다. S1과 S2의 입장이 바뀌어도 같은 주장이 작동한다.

다윈의 문제를 푸는 해법

골턴이 알아낸 바에 따르면 평균으로 회귀하는 현상이 생물학적 변화 때문이 아니라 그저 부모와 자식 사이가 불완전하게 상관해서였다. 완전 상관의 결여는 다윈에게 불가피한 필요조건이었다. 이 조건이 없었다면 세대 간 변이도 자연 선택도 없었을 것이다. 앞에서 이론을 설명하며 제시한 **그림 5.4**는 회귀를 포함해서 **그림 5.13**처럼 그려야 나을 것이다. **그림 5.4**와 달리 **그림 5.13**은 관측한 신장이 완전히 유전하지는 않아도 구성 성분이 두 가지이고 그 가운데 일시 성분이 유전하지 않는 것을 인정한다. 그리고 진화가 평형에 근사했을 때 나타나는 개체군 산포와 일치한다. 개체군 중심에서 양 극단으로 향하는 움직임이 있지만, 극단으로 움직이는 변이 대부분이 훨씬 더 밀집한 중앙에서 일시적으로 벗어나는 일탈이라 움직임이 다시 되돌아와 균형을 맞추기 때문이다. 골턴이 찾아낸 문제는 예상과 달리 문제가 아니었다. 그때까지 누구도 알아내지 못한 통계 효과로 생긴 현상이었다. 개체군 평형과 세대 간 변이성은 충돌하지 않았다.

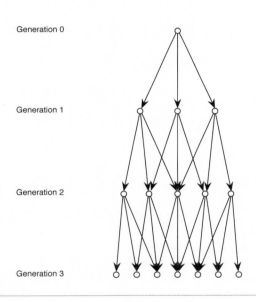

그림 5.13 그림 5.4에 회귀를 반영해 다시 그린 그림

결과

골턴의 연구 결과는 다윈의 문제에 어마어마한 영향을 미쳤다. 사람들이 다윈의 이론을 받아들이는 데 중요한 역할을 하지는 않았지만(골턴은 다윈의

이론에 문제가 있는 줄 완벽히 깨달은 사람이 아무도 없던 때에 이 문제를 다루었고 정확히 파악해 문제가 없다는 것을 밝혀냈다.), 골턴이 개발한 기법은 20세기 초반, 생물학에 이루 말할 수 없이 중요했다. 상관 계수와 단순 분산 성분 모형을 소개했고, 이에 따라 1900년에 멘델이 진행한 연구를 재발견할 때야 나왔을 결과 몇 가지를 통계 기법만으로 찾아냈다. 이를테면 부모가 자식에게 미치는 양적 기여 역시 형제 사이가 부모 자식 사이보다 가깝다는 사실을 알아냈다. 로널드 A. 피셔는 1918년에 펴낸 수학 명저에서 온갖 관계에 멘델의 독립 법칙을 적용하여 분산 계산을 동족 간 상관 및 편상관(partial correlation)으로 확장했다. 그리하여 현대 양적 유전학 대부분이 세상에 나왔다.[15]

골턴의 연구는 생물학에만 영향을 끼친 게 아니었다. 분산 성분이라는 발상은 양적 심리학과 교육 심리학 상당 분야에 중요한 열쇠가 되었다. 영구 효과와 일시 효과를 분리하는 발상은 1957년에 경제학자 밀턴 프리드먼(Milton Friedman)이 저서 《소비함수론(Theory of the consumption function)》에서 제안한 모형의 핵심이었다.[16] 프리드먼은 이 책으로 1976년 노벨상을 받았다. 프리드먼의 주장에 따르면 개인 소비는 영구 성분인 개인 소득에 주로 달렸으므로 존 메이너드 케인스(John Maynard Keynes)가 앞서 제안한 '경기 부양책' 같은 일시적 증가에 상대적으로 둔감했다. 따라서 프리드먼은 정부의 단기 지출이 계속 영향을 미친다는 정반대 가정을 바탕으로 삼은 경제 정책이 잘못이라고 결론지었다.

다변량 분석과 베이즈 추론

역사가들이 지금까지 간과한 것이 하나 더 있다. 주장하건대 골턴의 발견에서 더 영향력이 있는 측면에 해당한다. 1885년에 골턴이 연구하기 전까지는 진정한 다변량 분석을 할 수단이 하나도 없었다. 이전 연구자들은 다차원 통계 분포를 염두에 두었다. **그림 5.14**는 사격 연구에서 나타났던 것과 같은 초기 2차원 오차 분포 사례를 보여준다. **그림 5.15**는 변수가 하나 이상인 밀도를 나타내는 초기 공식을 보여준다. 게다가 미지인 변량이 하나 이상인 분석과 관련된 공식화는 최소 제곱근이 처음 발표된 1805년 이전으로 거슬러 올라간다.

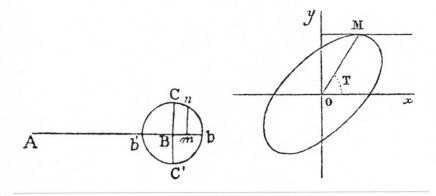

그림 5.14 이변량 밀도 등고선. 왼쪽은 1808년에 로버트 애드리안(Robert Adrain)이 그린 것. 오른쪽은 1846년에 오귀스트 브라베(Auguste Bravais)가 그린 것. 다음 쪽은 1858년에 이시도르 디디온(Isidore Didion)이 그린 것(Adrain 1808; Bravais 1846; Didion 1858)

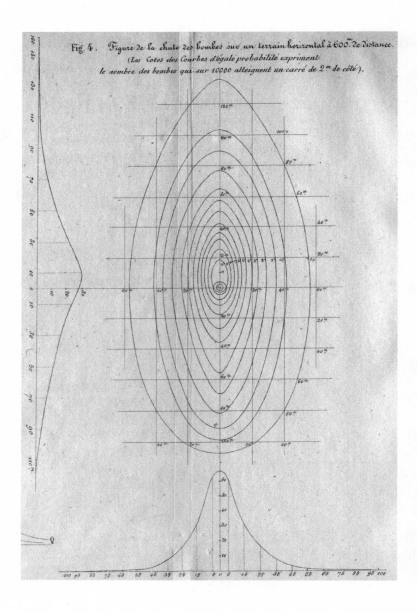

Fig. 4. Figure de la chute des bombes sur un terrain horizontal à 600.ᵐ de distance.
(Les Cotes des Courbes d'égale probabilité expriment
le nombre des bombes qui sur 10000 atteignent un carré de 2ᵐ de côté).

통계학을 떠받치는 일곱 기둥 이야기

Soit maintenant $x = \xi \sqrt{n}$, $y = \Psi \sqrt{n}$ $\zeta = \zeta \sqrt{n}$ &c.,

& $\dfrac{\alpha}{n} = A, \dfrac{\beta}{n} = B, \dfrac{\gamma}{n} = C$&c. on aura $\xi + \Psi + \zeta + $&c. $= o$

& $A + B + C + $&c. $= 1$; donc,

$$P = \dfrac{1}{\left(\pi n \right)^{\frac{m-1}{2}} \sqrt{\left(A B C \ldots \right)}} \quad \&$$

$$V = e^{-\frac{1}{2} \left(\frac{\xi^2}{A} + \frac{\Psi^2}{B} + \frac{\zeta^2}{C} + \&c. \right)}$$

Or, comme l'incrément où la différence des quantités x, y, ζ &c. eſt $= 1$, la différence des variables ξ, Ψ, ζ &c. fera $= \dfrac{1}{\sqrt{n}}$ &, par conſéquent, infiniment petite ; de ſorte que, ſi on appelle cette différence $d\,\theta$, on aura

$$P = \dfrac{d\,\theta^{m-1}}{\sqrt{\left(\pi^{m-1} A B C \ldots \right)}}$$

Donc $-\dfrac{1}{2} \left(\dfrac{\xi^2}{A} + \dfrac{\Psi^2}{B} + \dfrac{\zeta^2}{C} + \&c. \right)$

$$P\,v = \dfrac{e \qquad\qquad\qquad d\,\theta^{m-1}}{\sqrt{\left(\pi^{m-1} \quad A \cdot A \cdot C \ldots \right)}}$$

$$E = S.m^{(i)^2} . S . n^{(i)^2} - (S . m^{(i)} n^{(i)})^2;$$

la double intégrale précédente devient

$$c^{-\frac{k}{4 k'^2 a^2} . E} [l^2 . S . n^{(i)^2} - 2 l l' . S . m^{(i)} n^{(i)} + l'^2 . S . m^{(i)^2}]$$

$$\times \iint \dfrac{dt . dt'}{4 \pi^2 . a^2} . c^{-\frac{k'' t^2}{k} . S . m^{(i)^2} - \frac{k' t'^2 . E}{k . S . m^{(i)^2}}}.$$

En prenant les intégrales dans les limites infinies positives et négatives, comme celles relatives à $a\varpi$ et $a\varpi'$, on aura

$$\dfrac{1}{\frac{4 k'' \pi}{k} . a^2 \sqrt{E}} . c^{-\frac{k}{4 k'' a^2} . \frac{l^2 . S . n^{(i)^2} - 2 l l' . S . m^{(i)} n^{(i)} + l'^2 . S . m^{(i)^2}}{E}} . \qquad (o)$$

Il faut maintenant, pour avoir la probabilité que les valeurs de l et de l' seront comprises dans des limites données, multiplier cette quantité par $dl . dl'$, et l'intégrer ensuite dans ces limites. En nommant X cette quantité, la probabilité dont il s'agit sera donc

---

그림 5.15 다변량 정규 밀도를 다룬 공식. 위는 1776년에 라그랑즈가 발표한 것. 아래는 1812년에 라플라스가 발표한 것(Lagrange 1776; Laplace 1812)

하지만, 1885년 전에는 누구도 연속하는 이변량 분포를 쪼개 X와 Y의 밀도를 구할 생각을 하지 못했다. 그러니까 Y가 주어졌을 때 X의 조건부 분포와 X가 주어졌을 때 Y의 조건부 분포, 즉 정규 분포에서 조건부 평균과 조건부 분산을 구하지 않았다. 수학적으로 단순한 단계였지만, 누가 뭐래도 사람들에게 이것을 완성할 동기가 생긴 때는 유전 연구 때문에 골턴이 다른 조건에서 이변량 관계로 생기는 더 일반적인 문제를 검토하는 데 흥미를 느끼고 나서이다.

골턴은 1889년에 《자연의 유전》이 출판되어 나오기를 기다리다가, X와 Y의 표준 편차가 같다면 X에 대한 Y의 회귀선 기울기와 Y에 대한 X의 회귀선 기울기가 같으므로 공통 값을 연관성 측도로 쓸 수 있다는 것을 깨달았다. 이렇게 해서 상관 계수가 세상에 나왔다.[17] 몇 년 지나지 않아 프랜시스 에지워스, G. 우드니 율, 피어슨이 편상관, 다차원 최소 제곱, 분산의 주성분과 관련된 연관성 측도를 써서 이 생각을 더 높은 차원으로 끌어올렸다.[18] 통계학은 수치표라는 2차원 페이지에서 출발했지만, 엄청나게 복잡한 문제를 다루는 기법으로 떠올랐다.

베이즈 추론

이런 새로운 발견은 추론에 크나큰 영향을 미쳤다. 근본적으로 추론은 있는 자료를 이용해 만든 조건부 명제로, 대개 자료를 다루기에 앞서 개략적인 공식화에 기초해서 만든다. 베이즈 추론이 아주 좋은 사례이다. 가장 단순하게 표현하자면, 베이즈 추론은 통계학자의 관심사인 미지 값 θ에 대해 사전 확률 분포 $p(\theta)$, 그리고 θ가 주어졌을 때 자료 X의 확률 분포, 즉 가능도 함수 $L(\theta) = p(x|\theta)$를 명확히 정의한 다음, (x,θ)의 이변량 확률 분포를 구하고 이 분포에서 $X=x$일 때 θ의 조건부 확률 분포인 사후 분포 $p(\theta|x)$를 구하는 것이다. 적어도 지금 우리가 쓰는 베이즈 추론은 이렇다. 하지만, 이렇게 단순한 단계는 1885년 이후에나 쓸 수 있었다. 골턴이 자료를 '역으로 살펴보고서' 성인 자녀의 신장에 따른 부모 신장이나 한쪽 형제의 신장에 따른 다른 형제의 신장을 나타내는 분포를 구한 것은 진정한 베이즈식 계산인 데다 이런 단순한 형태로 계산한 첫 사례로 보인다.

물론 역확률마다 역사가 길어서[19] 적어도 토마스 베이즈(1764년 출간)[20]와 라플라스(1774년 출간)[21]로 시기를 거슬러 올라간다. 하지만, 두 사람을 비롯해 그 사이에 누구도 현대 방식을 따르지 않았다. 연속해서 변하는 수량에 누구도 조건부 분포를 쓰지 않고 평탄한, 즉 균일 사전 분포를 가정하는 것과 근본적으로 같은 방식을 썼다. 베이즈는 독립 시행 n번에서 한번 시행할 때 성공할 이항 확률 θ를 추론하는 경우만을 생각했고, 이때 이

용할 수 있는 정보가 이전에 성공한 횟수 X와 실패한 횟수 $n-X$밖에 없다고 가정했다. 엄밀히 말해 '사전' 시행은 없었다. 하지만, 베이즈는 경험적 증거가 없으므로 모든 X 값이 같은 확률이라고 믿는 것이 사전 시행에 상응한다는 말로 자신의 분석을 정당화했다. 즉, X 값이 $k=0, ..., n$일 때 확률이 모두 $P(X=k)=1/(n+1)$이라고 믿는 것이다. 이는 θ에 대한 균일 사전 분포와도 일치하여 골턴이 고안한 기술 장치에 기대지 않아도 올바른 결론을 내릴 수 있었지만, 이항 분포라는 한정된 조건에서만 가능했다.[22] 라플라스는 $P(\theta|x)$가 틀림없이 $P(x|\theta)$에 비례하는 데다 균일 사전 분포와도 일치한다는 대담한 가정(라플라스는 이를 '원리'라 불렀다.)을 더 일반적으로 진행했다. 라플라스가 쓴 기법은 단순한 문제에서는 별 탈을 일으키지 않았지만, 라플라스가 깨닫지 못했을 뿐 더 큰 차원에서는 심각한 오류를 일으켰다.[23] 하지만, 19세기 내내 사람들은 대개 베이즈를 무시한 채 라플라스를 무비판적으로 따랐다.

오늘날에는 사람들 대부분이 베이즈 추론을 이상적 추론 형태로 여긴다. 과학자들이 찾는 답을 정확히 내놓기 때문이다. 달리 말해 있는 자료에 비추어 조사 목적에 존재하는 불확실성을 완벽히 설명한다. 그러면서도 많은 사람이 실제에서는 이상적인 것이 대부분 그렇듯 이런 답을 대개 얻지 못한다고 믿는다. 구성 요소들이, 특히 사전 분포의 정의가 바로 쓸 수 있도록 명확해야 하는데 대개는 그렇지 않기 때문이다. 1885년 뒤로 수학적 장치를 써서 사전 분포를 더 일반적으로 정의할 수 있었지만, 여전히 어려움이 있었다. 1920년대부터 해럴드 제프리스(Harold Jeffreys)는 '준거 사전(reference priors)'이라고 부르기도 했던 것을 쓰자고 주장했다. 준거 사전은 사전 불확실성을 나타낸 것으로, 측정 척도에 민감하지 않은 데다 정보가 모자란 이유를 적어도 어떤 사람들에게는 설득력 있게 나타냈다. 1950년대에 브루노 드 피네티(Bruno de Finetti)와 지미 새비지(Jimmie Savage)는 개인주의적 베이즈 추론을 옹호했다. 개인주의적 베이즈 추론에서는 통계학자가 저마다 자기 믿음을 정직하게 평가해 사전 확률로 삼으려 했다. 그렇게 하여 저마다 다른 결론에 이르렀는데도 말이다. 최근에는 '객관적' 베이즈 접근법을 주장하는 이들이 나왔다. 이 방법에서는 준거 사전을 다시 빌려와 모자란 사전 정보를 설명했다. 이들 통계학자는 강력한 사전 정보를 바탕으로 삼지 않는 다른 접근법을 쓰더라도 적어도 질적으로 비슷한 결론에 이른다는 것을 알고 안심하려 들었다. 고차원에서는 문제가 한결 커진다. 1차원이나 2차원에서는 가정의 영향력이 당연해 보이지만 고차원에서는 알아차리기 어려울 수 있는 데다, 이 영향력이 결론에 생각지도 못할 상당히 큰 효과를 미침에도 동의하게 할 수 있다.

축소 추정

다변량 분석 도입은 골턴의 연구가 이룬 주요 업적이었다. 키 큰 부모는 키가 더 크지 않은 자녀를 낳을 것이고, 키 큰 자녀는 부모의 키가 더 크지 않을 것이라는 이른바 회귀의 역설을 설명하는 일은 그리 중요하지도 않았고 성공하지도 못했다. 회귀를 잘못 이해해 나온 실수는 예나 지금이나 널려 있다.

1933년에 노스웨스턴 대학교 경제학자 호레이스 세크리스트 (Horace Secrist)가 펴낸 책《어떤 기업이든 평범해진다(The Triumph of Mediocrity in Business)》도 모든 내용의 밑바탕에 그런 통계적 실수가 깔렸다. 이를테면 1920년에 백화점 이익률 상위 25%에 들었던 회사를 꼽은 뒤 1930년까지 평균 성과를 따라가 보니 꾸준히 업계 평균으로 돌아가는 경향을 보였다. 회귀를 얼핏 알았을 뿐 깊이 이해하지 못한 세크리스트는 이렇게 적었다. "기업에서 평범으로 돌아가려는 경향은 통계 결과보다 더 크다. 이런 경향은 지배적 행동 관계를 나타낸다."[24] 만약 세크리스트가 1930년 이익을 바탕으로 상위 25% 백화점을 골랐다면 이 회사들이 1920~1930년 사이에 평범에서 꾸준히 '멀어'졌으므로 결과가 반대였을 것이다. 세크리스트는 다행스럽게도 이 사실을 몰랐다. 그리고 나서는 468쪽에 이르는 책 곳곳에서 다른 경제 분야 수십 곳을 다룰 때마다 이런 실수를 되풀이했다.

1950년대에 찰스 스타인(Charles Stein)이 회귀와 관련한 역설을 하나 더 밝혀냈다. 가령 $i=1, ..., k$일 때 독립인 측정값 집합 X가 있고, 각 X는 개별 평균 μ의 추정 값이라고 해보자. μ 값들은 모두 서로 관련이 없겠지만, 단순하게 나타내도록 X가 정규 분포 $(\mu,1)$을 따른다고 하자. X는 k 명의 시험 점수나 분야가 다른 회사 k곳의 이익 추정 값으로 척도를 바꿀 수 있다. 당시에는 해당 X에 따라 각 μ를 추정해야 하는 것을 너무 당연히 여겨 증명이 필요 없었다. 스타인은 추정 오차의 최소 제곱 합을 전체 목표로 삼는다면 그런 추정법이 틀렸음을 보였다. 특히 X로만 결정되는 양, 예를 들어, $S^2 = \sum_{i=1}^{k} X_i^2$ 일 때 $\left(1 - \dfrac{k}{S^2}\right) X_1$를 써서 모든 X를 0에 가깝게 '축소'하면 더 정확한 추정 값을 구할 수 있었다.

스타인이 밝힌 역설은 회귀 형태로 설명할 수 있다.[25] (μ,X)를 관측값 k 쌍이라 하자. X의 모든 단순 선형 함수를 가능한 추정 값으로 생각해 보자. 달리 말해 bX 형태인 모든 추정 값을 생각해 보자. '확실한' 추정 값은 b=1일 때 값뿐이다. 하지만, 최소 오차 제곱 합이 목표이므로, (μ,X) 쌍인 자료가 있다면, 최선인 b는 X에 대한 μ의 회귀식의 최소 제곱 추정 값일 것이다. 따라서 $b = \dfrac{\sum \mu_i X_i}{\sum X_i^2}$이다. 그런데 우리는 μ를 모른다. 사실 μ를 알아내는 것이 분석의 핵심이다. 하지만, b의 분자는 추정할 수 있다. 이때 $E(\mu_i X_i) = E(X_i^2 - 1)$인 것은 증명하기 쉬운 문제이므로, $\sum \mu_i X_i$ 대신 $\sum (X_i^2 - 1)$로 바꾸어 간단하게 $b = \dfrac{\sum \mu_i X_i}{\sum X_i^2} = \left(1 - \dfrac{k}{S^2}\right)$이 된다. 스타인은 k가 너무 작지만

않다면(여기 나온 추정 값에서는 4 이상이면 충분할 것이다.) 여기에서 쓴 가정에서는 μ가 얼마이든 이 방식으로 구한 오차 제곱합의 기댓값이 '확실한' 추정 값보다 더 작은 것을 증명했다. 골턴이 이 사실을 알았더라도 놀라지 않았을 것이다. '확실한' 추정 값 X는 E(X|μ)=μ인 선에 온다. 골턴은 이 회귀선은 X가 주어졌을 때 μ가 아니라 μ가 주어졌을 때 X에 해당하는 틀린 회귀선으로 인식했을 것이다.

인과 추론

"상관은 인과 관계가 있다는 뜻이 아니다."라는 명제는 오늘날 통계학자 사이에 폭넓게 지지받는다. 그리고 1888년에 상관 계수가 나오기 전에도 설명이 있었다. 철학자 조지 버클리(George Berkeley)는 1710년에 "생각들 사이에 연관성이 있다고 원인과 결과 관계라는 뜻은 아니다. 연관성은 그저 의미를 부여한 대상을 가리키는 표시나 신호일 뿐이다."[26]라고 적었다. 근대에는 1890년대 후반부터 기술적 설명이 나온 것으로 보인다. 피어슨이 어떤 조사에서 보니 놀랍게도 남성 두개골의 길이와 폭은 원래 서로 상관이 없고 여성 두개골도 마찬가지이지만, 남성과 여성의 두개골을 뒤섞어 재면 상황이 달라졌다. 두 집단을 결합하자 같은 측정값을 썼는데도 두 집단의 평균이 달랐으므로 평균 차이 때문에 눈에 띄게 양의 상관 관계를 보였다. 피어슨의 연구 사례에서는 남성 두개골의 길이와 폭 모두 여성보다 대개 컸다. 극단적으로 생각해 결합 집단을 점 찍어 보니 따로 떨어진 둥근 군집 두 개가 나오고 각 군집이 아무 연관도 보이지 않지만, 함께 놓고 보면 두 군집의 중심에 영향을 받아 연관을 보인다고 해보자.

피어슨은 이 현상을 '가짜 상관(spurious correlation)'이라 불렀다.

"이런 상관은 가짜라 불러야 마땅하다. 하지만, 어떤 집단도 완벽한 동질성을 보장하기가 거의 불가능하므로 상관 결과는 수량을 미리 말하기 어려운 오차에 영향받기 십상이다. 꽤 비슷한 두 무리를 일부러 뒤섞으면 아주 상관없는 특성 A와 B 사이에서도 상관이 나타날 수 있다는 사실은 모든 상관관계를 원인과 결과로 보아야 한다고 고집을 부리는 사람들에게 틀림없이 꽤 큰 충격일 것이다."[27]

사람들이 이 문제를 인정한 지는 오래이지만, 정반대 생각을 인정하고 싶은 마음이 아직도 강하다. 그래서 상관관계를 찾으면 인과 관계의 추론을 실제 어느 정도 뒷받침하리라고 믿어 왔다. 물론 이 가운데에는 자기기만인 믿음도 있다. 과학자가 인과 관계에 미리 강한 믿음을 품은 까닭에 상관을 찾아낸 연구 결과에 부주의한 의견을 내놓을 때처럼 말이다. 하지만, 시간이 흐르면서 통계 기법들이 개발되어 "이러이러한 가정에 일치한다면 상관이 인과 관계를 나타낸다."와 같은 주장을 펼 수 있으면서 인과 추론을 할 수 있었다. 이런 주장 뒤에는 접근법에 따라 다른 조건들이 따라붙었다.

수학보다는 철학에 가까운 조건들도 있었다. 1965년에 오스틴 브래드포드 힐(Austin Bradford Hill)이 유행병학(epidemiology)에서 인과 관계를 추론하는 데 필요하다고 생각한 일반 조건 일곱 가지를 제시했다.[28] 엄격한 정의는 없었지만 이들은 모두 그럴싸하게 **강도, 연관의 일치성, 타당성, 관계의 일관성** 같은 용어를 썼다. 힐은 조건 가운데 하나를 '시간성'이라 이름 붙이고서, 원인이라고 알려진 것이 반드시 결과보다 앞서야 한다고 적었다. 하지만, 생물학이나 물리학에서는 시간성이 합당해 보일지라도 사회 과학에서는 그리 합당해 보이지 않았다. 힐이 일곱 가지 조건을 제시하기 벌써 80년 전에 사이먼 뉴컴이 정치 경제를 다룬 글에서 반례를 제시했다.

"이런 방식으로(즉, 시간성을 가정하여) 경제 현상을 살펴보는 것은 매우 자연스러우므로 거기에 담긴 위험을 보여주는 실례를 제시해야 할 것이다. 가령 어느 연구자가 키니네(키나 나무에서 얻는 약: 옮긴이)와 공중 보건의 관계를 통계적 관측으로 알고 싶다고 해보자. 연구자는 아마 이렇게 추론할 것이다. "키니네가 말라리아열을 치료한다면, 키니네를 가장 많이 섭취하는 곳 사람들이 말라리아열을 가장 덜 앓을 것이다. 또 키니네를 새로 수입할 때마다 공중 보건이 뒤를 이어

서 나아질 것이다. 하지만, 사례로 드러난 사실을 살펴보니, 정반대이
다. 미시시피 유역에서도 낮은 쪽인 저지대와 멕시코만 연안 5개 주의
늪지대에 사는 사람들은 미국 어느 지역 사람보다 키니네를 많이 섭취
한다. 그런데도 더 건강하기는커녕 어느 곳 사람보다 말라리아열에 자
주 시달린다. 그뿐 아니라 해마다 여름이면 키니네를 대량 수입하는데
도 가을에는 말라리아열 발생 빈도가 늘어난다."[29]

우리의 예측력이 문제를 꼬이게 한다.

더 엄격한 다른 접근법에서는 자료가 상호 의존하는 구조를 가정한다.
이를테면 어떤 편상관이 0이라거나 어떤 변수가 주어졌을 때 다른 변수들
이 조건부로 독립이라거나 가정한 인과 관계를 반영한 '구조 방정식'을 도입
한다. 1917년에 슈얼 라이트(Sewall Wright)는 화살표로 종속 방향을 나
타낸 여러 변수 사이에 방향 그래프를 구성하여 그래프가 순환하지 않는다
면 쌍별 상관을 쉽게 계산할 수 있다는 것을 알아냈다(**그림 5.16**).[30] 라이트는
뒤에 이것을 '경로 분석(path analysis)'이라 불렀다.[31] 라이트의 초기 연구
는 멘델식 유전 구조에 바탕을 두었으므로 본질은 인과 관계 연구라기보다
수학 연구였다. 하지만, 후기 연구에서는 몇몇 사례에서 인과 관계 추론을
도입했다. 라이트가 1917년에 맨 처음 적용한 예는 앞서 피어슨이 검토한 문
제를 다룰 때 쓸 수 있다. L이 두개골 길이, W가 두개골 폭, S가 성별이라고

해보자. 여기서 라이트의 방식은 결합한 두개골의 공분산 사이에서 이런 관계식을 이끌어 냈다.

$$Cov(L,W) = E\{Cov(L,W|S)\} + Cov(E\{L|S\}, E\{W|S\})$$

피어슨이 본다면 오른쪽 첫 항은 0에 가까우므로 둘째 항인 두 부분군의 평균 사이에 나타나는 관계가 값을 좌우했을 것이다.

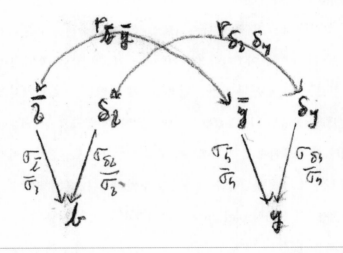

그림 5.16 슈얼 라이트가 1917년에 처음 한 경로 분석. 1975년 4월에 저자에게 보낸 서신에서 재구성한 것이다(Wright 1975).

라이트의 접근법은 훨씬 뒤에 있을 연구를 암시했다. 여기에는 비순환 그래프 모형을 위한 인과 관계 모형과 경제학자가 쓴 구조 방정식 모형도 들어간다. 이런 근대 연구 대부분은 이런 방식으로 수행되어 확고한 가정으로 부터 엄격한 결론을 이끌어 냈다. 동시에 멘델식 유전 사례에서처럼 가정이 명백하게 들어맞는 일은 대개 없다고 강력하게 경고했다.

비례법, 평화롭게 잠들다

19세기가 끝나갈 무렵 비례법은 수학 역사의 뒤안길로 사라졌다. 오늘날 수학과 학생이나 교사들은 기본적으로 이 이름을 쓰는 법칙을 모른다. 가 끔 상관없는 다른 용도로 이름이 차용되었으며, 누구도 지지를 받지 못 했다. 자주 인용되는 "예수회 사람은 세 명씩 죽는가?(Do Jesuits die in threes?)"라는 (임의 사건이 우연만으로도 군집을 이루는 듯 보일 수 있다 는 사실에서 영감을 받은) 물음도 머지않아 통계학자 대부분이 요즘에는 **비 례법**(Rule of Three)이라는 용어를 잊어버린 것처럼 잊힐 것이다. 다윈이 1855년에 내놓은 표현만이 피어슨이 《우생학 연보》 표지로 되살린 덕분에 살아남았다. 1954년에 학술지 제목이 "인류 유전학 연보"로 바뀌고서도 살 아남았다가 1994년에 표지가 완전히 새로 바뀌었을 때야 마침내 사라졌다. 비례법이 무엇을 가리키는지 알지 못하는 세상에서 비례법은 애도하는 이 도 사라졌다. 비례법이 사라진 일은 따질 것도 없이 환영할 일이다. 하지만, 이는 골턴 때문이 아니었다. 비례법이 대수학에서 더는 이름을 매길 가치가 없는 하찮은 부분이 된 까닭은 수학이 성장하고 발전했기 때문이었다. 한때 비례법은 모든 수학 과정에서 한 자리를 차지했고 영국 공무원 시험에서 필수 과목이었다. 하지만, 이름이 사라졌는데도 발상을 통계적으로 잘못 써 생각 없이 단순하게 외삽법을 고집하는 일이 너무 흔하다.

비례법을 한창 쓸 때도 사람들은 이 방법을 그리 좋게 보지 않았다. 오늘날 삼각법과 미적분을 형편없이 가르쳐 학생들이 수학에 진저리를 치게 하듯이, 당시에는 비례법 때문에 학생들이 수학에서 멀어졌을 것이다. 1850년에 벌써 존 허셜(John Herschel)이 골턴의 통찰을 알지 못하고서도 비례법을 적용하는 데 제약이 있음을 어떤 서평에서 인정했다. "비례법은 이제 정치적 산술가가 마지막으로 기댈 희망도 아니고 오랜 전통인 규범 아래서 비례법 축소가 가능하게 하려고 쓸데없이 제멋대로 가정한다 해서 풀릴 문제도 아니다."[32]

1859년에 프랜시스 탤퍼드(Francis Talfourd)가 쓴 "비례법(The Rule of Three)"이라는 연극이 런던에서 짧게 인기를 누렸다.[33] 이 단막 희극에서 시슬버라는 남자는 사랑스러운 아내 마가렛이 다른 남자에게 빠져 있다고 의심해 실제로는 있지도 않은 불륜을 사그라뜨릴 계획을 꾸민다. 그리고 책략 때문에 아내를 거의 잃을 뻔하지만, 다행히 행복을 맞는다. 연극은 마가렛이 시슬버에게 시 한 수를 읊어 주는 장면으로 막을 내린다. 시에서는 당시에도 비례법을 인생의 길잡이로 그다지 믿지 않았음이 드러난다.

"여인의 정절은 마음을 가장 잘 드러내는 표식이니,

계략을 내던지기만 한다면, 그대는 잘 해내리.

믿어야만 믿을 수 있는 사람을 얻나니, 명심하여 절대 의심치 말기를.

아니면 의심이 차오르기도 전에 믿음이 저만큼 달아난다네.

빈자리를 채우는 것은 무엇일까? 아, 누가 알까?

불신은 진압해야 할 배신자를 낳기 십상이니,

어떤 비례법을 쓴다 한들 결혼 생활의 전부를

계산하지도 증명하지도 못하리라."

CHAPTER 6

설계

실험 계획과 랜덤화의 역할

여섯째 기둥은 설계다. 실험 설계에서 말하는 설계지만 넓게 해석해 관측 계획 전반, 결정 분석에 미치는 영향, 계획 과정에서 밟는 조치를 포함한다. 설계는 유효한 실험 계획, 연구 규모 결정, 질문 구성, 처리의 배치를 포함한다. 또 현장 시험, 표본 조사, 품질 모니터링, 임상 시험, 실험 과학에서 정책 평가와 전략 평가도 포함한다. 이 모든 상황에서 계획을 이끄는 것은 한 발 앞선 분석이다. 설계는 소극적인 관찰 과학에서도 결정적인 역할을 할 수 있다. 관찰 과학에서는 자료 생성을 거의 또는 조금도 관리하지 않는다. 따라서 이렇게 물으면 어느 관찰 연구든 아주 뚜렷하게 이해될 것이다. 만약 풀어야 할 큰 문제가 있고 이를 다루기 위해 자료를 생성할 능력이 있다면 어떤 자료를 얻겠는가? 엄밀히 말해 설계는 어떤 통계 문제에서든 우리 사고를 단련시켜 준다.

설계 사례에는 아주 오래된 것도 있다. 구약 성경의 다니엘서에서 다니엘은 네부카드네자르 왕이 거하게 차려준 고기와 술을 마다하고 유대 방식으로 콩과 물을 먹고 마시려 했다. 다니엘은 본질적으로 임상 시험인 것을 왕의 대리인에게 제안했고 대리인은 이를 받아들였다. 시험에서 다니엘과 동료 세 명은 열흘 동안 콩만 먹고 물만 마신 뒤, 왕이 내린 푸짐한 음식만 먹은 무리와 건강 상태를 비교하기로 했다. 마침내 겉모습으로 건강 상태를 판단해 보니 다니엘 무리가 더 건강해 보였다.[1]

아비센나(Avicenna)로도 불리는 아랍 의학자 이븐 시나(Ibn Sina)는 서기 1000년 무렵 쓴 《의학전범(Canon of Medicine)》에서 의학 시험 계획을 다뤘다. 《의학전범》은 600년 동안 가장 중요한 의학 전문서였다. 후편에서는 의학 실험에서 지켜야 할 규칙 일곱 가지를 열거했다. 규칙이 고대 사상에서 나왔으므로 아리스토텔레스 때부터 있던 네 가지 주요 약성, 즉 차고, 뜨겁고, 마르고, 젖은 성질에서 약효가 나온다고 보았다. 앨리스테어 C. 크롬비(Alistair C. Crombie)는 이를 다음과 같이 옮겼다.

1. 약물에 본디 없던 부수적인 성질을 더해서는 안 된다. 예를 들어, 물이 데워졌을 때는 효과를 실험하지 말고 식을 때까지 기다려야 한다.
2. 복합 질환이 아니라 단일 질환으로 실험해야 한다. 복합 질환으로 실험할 경우 약의 어떤 성분이 치료 원인이었는지 추론하지 못할 것이다.

3. 대비되는 두 질병에 약물을 시험해야 한다. 병이 약의 기본 성질 때문에 나을 때도 있고 부수적인 성질 때문에 나을 때도 있기 때문이다. 약물로 어떤 병이 나았다는 사실만으로는 약에 기본적으로 그런 성질이 틀림없이 있다고 추론하지 못한다.

4. 약성이 병의 강도와 맞아떨어져야 한다. 예를 들어, 차가운 성질이 있는 질병에 뜨거운 성질이 덜한 약을 쓰면 효과가 없을 것이다. 따라서 더 가벼운 질병에 먼저 실험한 다음에 차츰 더 강도가 센 질병으로 실험해야 한다.

5. 본래 효과와 부수 효과가 헷갈리지 않도록 효과가 나타난 시기를 관찰해야 한다. 예를 들어, 물을 데우면 본디 없던 성질을 얻어 잠깐 뜨거운 효능을 내겠지만, 시간이 흐르면 차가운 본래 성질로 돌아갈 것이다.

6. 여러 사례에서 꾸준히 약효가 나는지 살펴봐야 한다. 약효가 꾸준히 반복되지 않는다면 부수적인 효과이기 때문이다.

7. 사람 몸에 실험해야 한다. 사자나 말에 시험한다면 사람에게 어떤 효과가 있는지 증명하지 못할 것이다.[2]

현대 시각에서 읽어 보면 이 규칙들은 대조와 반복의 필요성, 중첩 효과의 위험성, 여러 다른 요인 차원에서 효과를 관찰하는 지혜를 강조했다고 볼 수 있다. 전체적으로 인과 관계 추론의 초기 설명이라고까지 보는 사람도 있을 것이다. 이븐 시나 뒤로 바뀐 것이 있는가? 이븐 시나는커녕 아리스토텔레스 이후로라도 바뀐 것이 있는가? 어디 보자. 이제는 사자 대신 쥐를 실험용 동물로 쓴다. 그런데 이븐 시나의 두 번째 규칙을 살펴보라. 근본적으로 한 번에 한 요인만을 실험하라고 했다. 현대에 실험 계획을 다룬 책으로서 윌리엄 스탠리 제번스가 1874년에 쓴《과학원론(Principles of Science)》을 살펴보자.

"실험에서 가장 필요한 예방 조치는 한 번에 오로지 한 상황만을 바꾸는 동시에 다른 상황은 모두 철저히 그대로 두는 것이다."[3]

이제 로널드 A. 피셔가 1926년에 쓴 내용을 살펴보자.

"현장 시험과 관련한 경구 가운데 자연에 적은 수의 질문을 해야 한다는, 달리 말해 한 번에 한 질문만 해야 이상적이라는 말보다 자주 되풀이되는 것은 없다. 필자(피셔)는 이런 관점이 완전히 잘못이라고 확신한다. 주장컨대 논리적으로 꼼꼼히 따져 질문지를 내놓는다면 자연은 가장 정확히 답을 내줄 것이다. 게다가 한 질문만 묻는다면 자연은 다른 주제를 먼저 밝히고 나서야 답을 내놓을 것이다."[4]

가법 모형

피셔는 2000년 동안 이어 온 실험 철학과 관행 대부분을 지난 일로 만들었다. 그리고 이를 위해 기발한 독창성이 돋보이는 통계 주장을 펼쳤다. 로담스테드 실험장에서 농업을 연구한 경험으로 다요인 설계를 구상해 실험 절차에 크나큰 변화를 몰고 왔다. 피셔는 종자, 거름을 비롯해 일반 농업 실험지구에서 쓰는 여러 요인을 동시에 바꾼 뒤 라틴 정방형이나 그레코-라틴 정방형 같은 배열에 맞추어 심었다. 그리하여 모든 요인에 얽힌 질문들에 대한 답을 단 한 농사철에 단 한 재배 구역에서 얻었다.

당시 농업 실험 연구자들은 몇 년 동안 배치를 이리저리 바꾸던 중이었다. 아서 영(Arthur Young)은 1770년에 같은 땅, 같은 시기에 적용한 방법들을 비교할 때는 조심해야 한다고 주장했다. 이를테면 씨 뿌리기에서 흩어뿌리기와 줄뿌리기를 비교할 때 다른 변동 요인 때문에 잘못된 결론을 내리지 말아야 한다고 적었다.[5] 하지만, 영은 땅을 어떻게 나누어야 하는지 설명하지 않고 '똑같이'라고만 언급했다. 피셔가 로담스테드 실험장에 합류한 1919년에 그곳 연구자들은 토양 차이를 최소화하고자 땅을 체스판이나 샌드위치 모양으로 나누어 맞닿은 구획에 같은 처리법을 쓰지 않도록 했다. 블록화를 꾀했다고 말할 수 있지만, 블록 효과를 고려해 분석하지는 않았다. 따라서 분석과 실험 논리를 결합하자는 피셔의 제안은 밑바탕부터 새로웠다. 피셔는 농업에서 일어나는 통계적 변동 때문에 새로운 방법이 있어야 한다는 것을 알아챘을 뿐 아니라, 경제적으로 효율이 높게 실험을 수행한다면 변동을 고려함으로써 해법을 얻게 된다는 것도 알았다. 피셔의 발상을 가장 인상 깊게 사용한 예는 복합 설계이지만, 계층 구조를 포함하고 상호 작용을 추정할 수 있게 함으로써 훨씬 단순한 단계에서 이미 이점이 있었다.

실험장에서 곡물 수확량에 쓸 가법 모형(additive nodel)을 생각해 보자. 실험장을 I×J개 실험지구로 나누고, 실험지구마다 조합이 다른 처치를 배정한다. 실험지구 (i, j)에서 나온 곡물 수확량 Y를 써서 이 모형을 대수로 나타낼 수 있다. 이때 수확량은 전체 평균에 처치별 효과와 실험지구별 임의

통계학을 떠받치는 일곱 기둥 이야기

변동을 단순히 더한 값이라고 해보자. 그러면 i=1, …, I이고 j=1, …, J일 때 Y=μ+α+β+ε에서 μ 는 실험장 전체의 평균 수확량이고, α는 이를테면 품종에 따른 효과, β는 이를테면 거름량에 따른 효과, ε는 관리하지 않은 요인이 실험지구 (i, j)에서 일으키는 임의 변동이다.

앞서 1885년에 프랜시스 에지워스가 이런 가법 모형을 말로 풀었다. 설명이 수학적이지는 않지만, 정식 모형이 때로 전달하지 못하는 설득력이 있어 귀에 쏙쏙 박힌다. 에지워스는 이렇게 적었다.

"도시가 들어설 곳에는 완만하게 작용한 지질 영력(geological agency)으로 생겨났을 단구가 여럿 있다. 단구는 동서로 서로 평행하게 늘어선다. 용암으로 단층이 변위할 때 생성된 마루들이 단구를 수직으로 가로지른다. 화산 작용이 서에서 동으로 균일하게 일어나 해마다 마루 하나가 같은 폭으로 생겨난다고 가정할 수 있다. 관측 전에는 어떤 해에 일어난 단층 변위가 한 단구에서든 모든 단구에서든 지난해나 이듬해와 비슷한지 아닌지 모른다. 한 단구에서 일어난 단층 변위가 이웃한 단구에서 일어난 변위와 같은 경향이 있는지도 알지 못한다. 따라서 단구와 마루가 교차하는 경사지 위에 온갖 집이 들어선다. 지붕의 해발 높이는 기압계나 다른 도구로 확인할 수 있다. 에이커마다 지붕의 평균 해발 높이를 기록한다."[6]

여기서 Y는 (i, j)번 에이커에 있는 집의 평균 해발 높이, μ는 도시에 있는 집 전체의 평균 해발 높이, α는 단구 i에 단층 변위가 미친 영향, β는 마루 j에 단층 변위가 미친 영향, ε는 (i, j)번 에이커에서 에이커 평균 주위에 집 높이에 대한 임의 변동이라고 할 수 있다.

요점은 실험지구마다 처치한 조합이 모두 다른데도 이 모형이 변동 원인 세 가지를 체계적으로 포함해서 세 원인을 따로따로 다룰 수 있다는 것이다. 이런 특성을 한 모형에 모두 포함함으로써 엄청난 이점이 생긴다. 한 요인(예를 들어, 거름이나 마루)을 무시하고 자료에 접근한다면 생략한 요인으로 생긴 변동 탓에 다른 요인이나 관리하지 않은 요인으로 생기는 변동이 작아 보일 수 있고, 그래서 다른 요인(예를 들어, 품종이나 단구)를 알아내거나 추정하지 못할 수 있다. 하지만, 두 요인을 모두 포함한다면(피셔는 일부 응용에 블록화라고 했다), 두 요인의 영향이 행이나 열의 평균과 변동으로 쉽게 드러나 뚜렷이 알아볼 수 있을 것이다. 기본적인 가산 효과 사례에서마저 결과가 놀라울 터이므로 더 복잡한 상황에서는 상상을 뛰어넘을 수 있다.

가법 모형이 없을 때 무엇을 놓칠 수 있는지 명확히 보여주는 사례를 하나 살펴보자. 1890년대에 라디슬라우스 폰 보르트키에비치(Ladislaus von Bortkiewicz)는 엄청난 노력을 쏟아 프로이센의 어마어마하게 많은 통계에서 유명한 자료를 뽑아냈고, 1898년에 펴낸《소수의 법칙(Das Gesetz der kleinen Zahlen)》이라는 소책자에 담았다.[7] 자료는 20년 동안 14개 기병대에서 말에 차여 죽은 기병 수를 보여준다(그림 6.1). 보르트키에비치는 그렇게 작고 예측하지 못할 수치에 숨은 엄청난 변동이 진짜 효과를 가릴 수 있음을 보이고 싶었다. 그래서 숫자 280개를 함께 모아 놓고 보면 같은 분포를 따르는 푸아송 변수 집합에 잘 들어맞는 것을 보였다. 게다가 실제로 자료는 푸아송 분포를 따른다. 하지만, 보르트키에비치에게는 가법 모형이라는 기술이 없었다. 여기에 가법 모형을 적용해 푸아송 변동에 일반화 선형 모형을 썼다면 부대 간 변동을 뚜렷이 보여줄 뿐 아니라 연간 변동도 명확히 보여줬을 터이다. 부대와 년에 따른 변동이 크지 않았지만, 가법 모형은 14+20개에 이르는 각 효과로 변동을 잡아내게 했다. 에지워스가 가정한 도시에서 집에 변동이 있는데도 눈으로 마루와 단구를 따라 지붕만 살펴보면 마루와 단구의 변동을 알 수 있듯이 분석은 240개 관측 값으로 이런 효과를 잡아낼 수 있었다. 보르트키에비치는 부대 간 변동이 있는데도 임의 변동에 가려 보이지 않는다고 예상했던 듯하다. 그런데 부대마다 규모가 달랐다. 그러니 보르트키에비치는 연간 변동이 놀라웠을지도 모른다.

	75	76	77	78	79	80	81	82	83	84	85	86	87	88	89	90	91	92	93	94
G	—	2	2	1	—	—	1	1	—	3	—	2	1	—	—	1	—	1	—	1
I	—	—	—	2	—	3	—	2	—	—	1	1	1	—	2	—	3	1	—	—
II	—	—	—	2	—	2	—	—	1	1	—	—	2	1	1	—	2	—	—	—
III	—	—	—	1	1	1	2	—	2	—	—	—	1	—	1	2	1	—	—	—
IV	—	1	—	1	1	1	1	—	—	—	—	1	—	—	—	—	1	1	—	—
V	—	—	—	—	2	1	—	—	1	—	1	—	1	1	1	1	1	1	1	—
VI	—	—	1	—	2	—	—	1	2	—	1	1	3	1	1	1	—	3	—	—
VII	1	—	1	—	—	—	1	—	1	1	—	—	2	—	—	2	1	—	2	—
VIII	1	—	—	1	—	—	—	1	—	—	—	—	1	—	—	—	1	1	—	1
IX	—	—	—	—	—	2	1	1	1	—	2	1	1	—	1	2	—	1	—	—
X	—	—	1	1	—	1	—	2	—	2	—	—	—	—	2	1	3	—	1	1
XI	—	—	—	—	2	4	—	1	3	—	1	1	1	1	2	1	3	1	3	1
XIV	1	1	2	1	1	3	—	4	—	1	—	3	2	1	—	2	1	1	—	—
XV	—	1	—	—	—	—	—	—	1	—	1	1	—	—	2	2	—	—	—	—

그림 6.1 보르트키에비치가 쓴 자료. 프러시아가 대규모로 출간한 통계 자료에서 모은 것이다(이 시기에 프러시아는 해마다 두꺼운 통계 책자 세 권을 펴냈다). 보르트키에비치는 20년에 걸친 14개 부대(G는 경비대임) 자료를 썼다(Bortkiewicz 1898).

랜덤화

데이비드 A. 콕스(David A. Cox)는 랜덤화(randomization)가 통계학에서 맡은 역할을 세 가지로 설명했다. "첫째 비관측 설명 변수와 선택 효과 등 편향을 없애는 도구이고, 둘째 표준 오차를 추정하는 바탕이며, 셋째 형식상 정확한 유의성 검정을 할 수 있는 토대이다."[8] 이 가운데 가장 널리 인정받은 것은 첫째 역할로, 대중문화에까지 영향을 미쳤다. 만화책《쿵푸 고수(Master of Kung Fu)》1977년 7월호를 보면 고수가 음반을 무작위로 고를 때 이런 말풍선이 달린다. "여러 개 중에 손 가는 대로 하나를 고르지. 편견(bias)에서 벗어나면 기분이 새롭거든. 뭘 몰라야 벗어날 수 있기는 하지만." 그런데 더 절묘하고 통계적으로 더 중요한 것은 서로 연결된 나머지 두 역할이다. 랜덤화가 여러 방식에서, 특히 설계 관련 사안이나 몇몇 사례에서 추론 대상을 실제로 정해 추론의 기본이 된 이유도 두 역할 때문이다.

19세기 후반에 찰스 S. 피어스가 표본이 무작위라는 사실 덕분에 추론할 수 있다는 것을 알아냈다. 그래서 귀납을 '무작위로 고른 표본 하나에서 표본을 골라낸 전체를 추론하는 것'[9]으로 정의하기까지 했다. 피어스는 1880년대 초반에 갓 설립된 존스 홉킨스 대학교에서 논리학을 가르치며 실험 심리학을 연구했다. 그러니 학문 분야로서 실험 심리학은 실험 계획 덕분에 만들어졌다고 주장할 만하다. 1860년 무렵 실험 심리학 초기 연구에서 구스타프 페히너(Gustav Fechner)는 무게 들어 올리기 방법을 써서 자극과 감각을 조사했다. 이때 이론적 목표를 정의하고 의미를 제시한 것이 실험 계획이었다. 실험에는 실험자 페히너 말고도 조수 한 명이 있어서 작은 용기 두 개를 번갈아 들어 올렸다. 두 용기는 기본 무게가 B였고 그 가운데 하나에만 무게 D를 더해 차이를 두었다. 용기를 들어 올리는 조수는 들어 올릴 때 느낀 감각을 바탕으로 어느 쪽이 더 무거웠는지, 어떤 용기의 무게가 B이고 어떤 용기의 무게가 B+D였는지를 추측했다. 페히너는 B와 D값을 바꾸고 들어 올리는 손을 바꾸고 순서를 바꾸어 가며 몇백 번, 몇천 번까지 실험을 되풀이했다. 이는 옳고 그름 선택법(the method of right and wrong cases)이라 불리기도 했다(주로 항상 자극법(the method of constant stimuli)이라 부른다: 옮긴이) 이렇게 모은 자료 덕분에 페히너는 오늘날 프로빗(probit) 모형이라 부르는 것을 써서 무게 B와 D에 따라, 들어 올리는 손에 따라 맞게 추측할 확률이 어떻게 바뀌었는지를 추정할 수 있었다. 프로빗 모형은 D=0일 때 확률이 0.5이고 D가 커질수록 1에 가까운 점근선을 그린다고 가정했다. 확률이 높아지는 속도는 실험 조건과 관련된 민감도 측정으로 간주했다. 실험 없이는 이론이 무의미하거나 수치로 나타나지 않았다. 마찬가지로 1870년대에는 헤르만 에빙하우스(Hermann Ebbinghaus)가 무의미한 철자를 이용한 정교한 실험 계획을 써서 단기 기억력을 폭넓게 실험했다.[10]

1884년에서 1885년에 걸쳐 피어스는 한 걸음 더 나아간 실험 기법을 써야 하는 훨씬 더 까다로운 문제를 연구했다. 이전 심리학자들은 두 감각의 차이에 역치나 분계점이 있다고 짐작해, **최소 식별 차이**(just noticeable difference, JND)라 이름 붙인 역치보다 차이가 작으면 두 자극을 따로 구분하지 못한다고 봤다. 피어스는 조지프 재스트로(Joseph Jastrow)와 함께 연구하여 이 짐작이 틀렸음을 보여주는 실험을 설계했다.[11] 두 사람은 무게 들어 올리기 실험을 더 다듬어 무게 차이 D 값을 매우 작게 하여 한 용기가 다른 용기보다 아주 살짝만 무겁게 했다. 피어스와 재스트로는 두 무게의 비율이 1에 가까울수록 맞는 판단을 내릴 확률이 완만하게 0.5에 가까워지지만, 0.5와는 알아볼 만큼 차이가 있는 것을 보였다. 최소 식별 차이 이론이 주장한 불연속한 역치 효과는 조금도 나타나지 않았다.

분명 이 실험은 몹시 까다로웠다. 무게를 제시하는 순서가 조금만 한쪽으로 쏠리거나 피실험자가 순서를 살짝만 눈치채도 야심 찬 계획은 엉망이 되었을 것이다. 피어스와 재스트로는 수많은 예방책을 취하고 글로 남겨 순서를 모른 채 판정이 이뤄진 것을 명확히 밝혔다. 두 사람은 잘 뒤섞은 카드 한 벌을 써서 무거운 쪽을 먼저 낼지 가벼운 쪽을 먼저 낼지 가리는 순서를 완벽하고 철저하게 랜덤화했다. 더구나 피실험자가 판정을 내릴 때마다 맞는다고 믿은 확신도 C까지 연구 내내 기록지에 남겼다. 확신도 C는 가장 낮은 값이 0이고 1, 2를 거쳐 가장 큰 값이 3이었다. 두 사람이 파악한 결과, 추측이 맞는 확률 p가 커질수록 확신도도 $\log(p/(1-p))$의 배수에 가까이 커졌다. 로그 오즈는 두 사람이 옳았다는 것을 보여주었다. 두 사람이 이에 앞서 맞고 틀림을 인지하는 능력이 로그 오즈 척도에 선형으로 근사한다는 증거를 찾아냈기 때문이다. 실험에 대한 타당성, 즉 귀납적 결론은 랜덤화가 결정적으로 좌우했다.

20세기 초반에 피셔는 이 주제를 한층 더 파고들었다. 앞에서 이야기했듯이 피셔는 다요인 설계에서는 설계 시 조합 접근법이 이점이 있다는 것을 알았다. 그리고 1925년부터 1930년까지 5년 동안 설계의 복잡도(complexity)를 늘리면서 랜덤화가 이런 복잡한 설정에서 추론을 타당하게 할 수도 있음을 보았다. 가장 단순한 상황에서는 쌍 안에서 처치와 통제(treatment and control)를 임의 배정함으로써 분포에서 다른 쌍들의 독립

말고는 아무런 가정 없이도 처리 효과를 타당하게 추정할 수 있었다. 랜덤화 분포 자체가 "차이가 없다."라는 귀무가설 아래에서 처치가 통제를 뛰어넘을 확률이 0.5인 경우의 수에서 이항 분포를 이끌어 냈다.

3장에서 다룬 아버스넛이 82년 동안 태어난 사람을 성별 및 연도별로 분류해 정리한 세례 자료를 다시 생각해 보자. 아주 분명하게도 이 자료는 설계한 실험에서 나오지 않았다. 아버스넛은 세례 자료가 출생 자료를 대신한다고 보고 두 성별의 확률이 같다는 가정 아래 82년 동안 연속해서 남아가 여아보다 많이 태어날 확률을 $1/2^{82}$로 잡았다. 이 검정은 출생 빈도를 평가했다고 비판받을 여지가 있었다. 교구 기록에 세례를 받았다고 기록될 가능성이 남아와 여아 모두 정말로 같았을까? 설사 그랬다 하더라도 세례를 받기 전 유아 사망률이 남녀 모두 똑같았을까? 아버스넛이 쓴 자료에서 이런 의구심을 다루기는 어려웠다. 우리는 다른 선택지가 없는 관측 연구에서 이런 가정을 받아들이는 데 익숙해졌다. 하지만, 모든 논리를 접어 두고 남녀 사이에 세례자 차이가 없다는 가정을 다루도록 실험을 설계하여 출생 성별을 임의로 배정할 수 있다고 해보자. 이런 가정 아래, 인간이 구상한 설계에 따른 랜덤화는 한 해에 남아가 더 많이 세례받을 확률을 (같을 확률 절반을 덜어낸) 0.5로 보장할 것이다. 아버스넛이 제시한 $1/2^{82}$은 그 가정 아래 자료의 확률 평가로 유효할 것이다. 1장을 다시 생각해 보면 나은 검정일수록 자료를 한층 더 집계할 것이다. 82년 동안 세례자 938,223명 가운데

484,382명이 남아로 기록되었고, 표준 편차는 성별 확률이 똑같다면 우리가 기대할 수치보다 높은 31.53이고 확률은 너무 멀리 벗어나지 않은 $1/2^{724}$이다. 물론 아버스넛은 랜덤화를 할 수 없었다. 그가 쓴 자료에서는 불균형한 출생 빈도와 고르지 않은 기록이 대책 없이 혼란에 빠드렸다. 하지만, 랜덤화가 가능할 때는 랜덤화만으로 추론의 바탕을 얻을 수 있다.

다요인 현지 시험은 피셔의 랜덤화 설계로 여러 목표를 이루었다. 랜덤화를 실행함으로써, 예를 들어 라틴 정방형 설계에서 임의 선택을 함으로써 효과를 분리하고 교호 작용을 추정할 수 있었다. 이뿐만 아니라 정규성이나 물질의 균질성을 가정하지 않고도 결과를 타당하게 추론할 수 있었다.[12] 피셔는 자신의 검정들, 즉 다양한 F 검정들이 작용하는 데 귀무가설에서 구형 대칭만 있으면 된다는 것을 알았다. 정규성과 독립은 구형 대칭의 뜻을 내포하지만, 필요조건이 아니다. 이와 달리 설계 랜덤화는 그 자체가 불연속한 구형 대칭을 유발할 수 있었으므로 훨씬 강력한 조건이 필요해 보이는 절차에 완벽에 가까운 타당성을 부여했다. 피어스가 시행한 무게 들어 올리기 실험에서 처치를 랜덤화함으로써 이항 변동을 유발했듯이 말이다. 이 미묘한 사실을 알아챈 사람은 그리 많지 않았다. 가명 스튜던트로 이름을 알린 윌리엄 실리 고셋처럼 현명한 통계학자조차 1937년 삶을 마칠 때까지 체계적인 현지 시험, 이를테면 ABBABBABBA 같은 샌드위치 설계가 랜덤화 시험보다 추정 값이 더 정확하고, 두 시험 모두 정규성이 있어야 한다고 주장했다. 피셔는 고셋을 존경했다. 하지만, 1939년에 고셋의 약력을 이렇게 적었다. "분명 '고셋'이 랜덤화를 실행하기는 했지만, 랜덤화가 필요한 것을 일관되게 인식하지는 못했다. 또 체계적인 설계의 실제 오차와 추정 오차가 같은 실험지구를 랜덤화했을 때 나오는 오차보다 적기란 이론적으로 불가능하다는 것도 계속 인식하지 못했다. 이 특이한 실패는 아마 랜덤화 관련 연구로 비난받기 십상인 동료에게 등을 돌리지 않으려는 표시에 지나지 않았을 것이다."[13]

랜덤화 기법들을 폭넓게 받아들이기까지는 시간이 오래 걸렸다. 일부만 받아들일 때도 잦았다. 그래서 느슨한 형태인 근사 랜덤화를 오랫동안 썼다. 서기 1100년 무렵부터 주화 표본 검정에 쓸 동전을 '마구잡이'로 골랐고, 적어도 일부러 편향을 일으키지는 않았다. 1895년에 노르웨이 통계학자 아네르스 시아에르(Anders Kiaer)가 '대표 표본 추출'이라 이름 붙인 방법을 알렸다. 이 방법에서는 뜻을 완전히 명시하지는 않았어도 모집단의 축소판인 표본을 만들고자 목적에 맞추어 표본을 골랐다.[14]

1934년에 열린 영국 왕립 통계학회 모임에서 예지 네이만이 파급력이 큰 논문을 읽었다(네이만과 피셔가 등을 돌리기 전 외형적으로 동료 관계를 즐겼던 마지막 행사였다).[15] 네이만은 논문에서 시아에르의 목표를 엄밀히 달성하는 방식으로 임의 표집 이론을 전개했고, 피셔도 토론에서 이 부분을 인정했다. 네이만은 실험 단위에 임의로 다른 처치를 적용했으므로 사회 과학에서 오직 표본을 고르고자 랜덤화를 적용하는 것은 피셔가 농업에 적용한 용도와 전반적으로 다르다고 언급했다. "실험 랜덤화 과정은 안타깝게도 사회학 연구에 옮겨 쓸 수 없다. 그럴 수 있다면 인간사의 원인과 결과를 지금까지 안 것보다 확실히 더 많이 알 것이다."[16] 뒤이은 20년 동안 사회 과학에서는 임의 표집을 변형해 층화 표집(stratified sampling)처럼 부분 모집단에 집중하거나 '눈덩이 표집(snowball sampling)'처럼 일련의 과정 중 하나로 사용하여 랜덤화를 해치지 않게 에둘러 이용했다.

여기저기 발을 넓히던 피셔의 랜덤화가 두드러지게 진출한 영역이 한 곳 있었다. 의학 시험, 즉 임상 시험이다. 임상 시험에서는 피어슨이 무게 들어 올리기에서, 피셔가 로담스테드에서 그랬듯이 처치를 임의로 배정할 수 있었다. 피셔의 연구는 오스틴 브래포드 힐의 눈길을 사로잡았다. 힐이 열렬히 지지한 덕분에 랜덤화는 변화를 꺼리는 의료 기관에서도 느리지만 꾸준하게 발전했다.[17] 비록 연구자들이 느끼기에 랜덤화 임상 시험이 사치인 사례도 있지만, 오늘날 의학계는 이 방법을 의학 실험의 황금 잣대로 여긴다.

랜덤화 설계를 폭넓게 쓰는 분야가 한 곳 남았다. 하지만, 이 분야는 랜덤화 설계를 쓴다고 생각된 적이 한 번도 없는 데다, 비난을 받기 일쑤인 곳이다. 바로 복권이다. 복권은 사회 과정에 랜덤화를 도입하고 자발적으로 선택한 개인에게 처치를 배정한다. 어떤 이들에게는 재밋거리이지만, 어떤 이들에게는 어리석은 대가로 무는 세금이다. 하지만, 복권은 역사도 길고 수그러들 기미도 보이지 않는다. 게다가 복권 덕분에 과학계가 쏠쏠하니 개평을 챙길 수 있다는 데 주목해볼 만하다. 사례 하나면 충분하다.

프랑스에서는 1757년에 처음 복권을 발행했다. 앞서 나온 제노바공화국 복권을 본뜬 것으로, 오늘날 로또와 매우 비슷했다.[18] 프랑스 공포정치 시기인 1794년부터 1797년까지 발행을 중지했지만, 그 뒤로 계속 발행하다가 1836년에 폐지하였다. 정기 추첨 때마다 1부터 90까지 숫자를 적은 공 90개 가운데 기본적으로 무작위로 복원 없이 다섯 개를 골랐다. 구매자는 숫자 다섯 개를 모두 맞추거나(quine), 네 개를 맞추거나(quatene), 세 개를 맞추거나(terne), 두 개를 맞추거나(ambe), 하나를 맞추겠다고(extrait) 정해 돈을 걸 수 있었다. 공 다섯 개가 뽑히는 순서에 상관없이 자신이 고른 숫자가 나오면 돈을 땄다. 다섯 개 맞추기에 돈을 걸지 못하던 때도 있었다. 뇌물을 먹은 중개인이 추첨이 끝난 뒤 복권을 파는 사기가 일어날까 봐서였다. 하지만, 다섯 개 맞추기에 돈을 걸 수 있을 때는 배당률이 1,000,000배였다(공정한 내기라면 44,000,000배를 주어야 했다). 더 자주 나오는 결과일수록 배당률은 더 공정했다. 하나 맞추기는 15배(18배여야 공정하다), 두 개 맞추기는 270배, 세 개 맞추기는 5,500배, 네 개 맞추기는 75,000배였다.

구매자는 대개 한 번에 여러 내기를 걸 수 있었다. 예를 들어, **그림 6.2**에 나온 복권을 보면 구매자가 3, 6, 10, 19, 80, 90 여섯 숫자에 돈을 걸었다. 하나 맞추기 6 extrait에 각 25상팀(프랑스 화폐 단위로 1/100 프랑: 옮긴이), 두 개 맞추기 15 ambe에 각 10상팀, 세 개 맞추기 20 terne에 각 5

통계학을 떠받치는 일곱 기둥 이야기

상팀, 네 개 맞추기 15 quatene에 각 5상팀, 다섯 개 맞추기 6 quine에 각 5상팀, 따라서 모두 5프랑 5상팀을 걸었다. 당첨금은 정해진 배당표에 따랐고 왕은 이를 보증했다. 오늘날 시행하는 복권 제도에서는 국가 보호 차원에서 판돈 안에서만 당첨금을 주지만, 당시에는 왕이 위험을 떠안고 고정 배당률을 적용했다. **그림 6.2**에서는 표기된 날짜에 실제 뽑힌 숫자가 19, 26, 51, 65, 87이었다. 달랑 숫자 하나(19)를 맞추었으므로 당첨금이 25×15=375상팀, 즉 3프랑 75상팀이므로 1프랑 30상팀이 손해였다. 만약 뽑힌 숫자가 2, 6, 19, 73, 80이었다면 이 복권은 세 개 맞추기 1 terne (6, 19, 80), 두 개 맞추기 3 ambe (6-19, 6-80, 19-80), 한 개 맞추기 3 extrait로, 당첨금이 1×5500×5+3×270×10+3×15×25, 즉 367프랑 25상팀이었을 것이다.

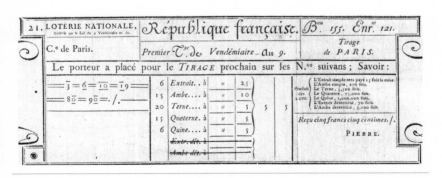

그림 6.2 1800년 복권 관리자용 설명서에 있는 기입된 로또 견본. 수를 모호하지 않게 작성하는 방법, 조합 로또를 기록하거나 가격을 매기는 방법, 복권 구매자가 여섯 숫자를 지정하는 위치나 다섯 가지 맞추기 조합에 배팅하는 위치, 다섯 가지 당첨에 따라 달라지는 배팅 금액 등을 보여주고 있다(Loterie An IX).

시행 초기에는 복권이 프랑스 군사 학교를 지원하는 데 한몫 거들었다. 1811년쯤에는 순이익금이 국가 예산의 4%까지 이르러 우편세나 관세보다 많았다. 판매가 절정에 이른 1810년 무렵에는 판매 지점이 1,000곳을 넘었고, 다섯 도시에서 다달이 열다섯 번씩 추첨했다(파리 시민은 다섯 도시에서 모두 복권을 살 수 있었다). 프랑스 혁명 기간에 루이 14세와 마리 앙투아네트를 처형할 때도 복권 추첨은 중단하지 않았다. 추첨을 멈춘 때는 당첨금을 받을 수 있다는 믿음이 사라질 정도로 공포정치가 기승을 부렸을 때이다. 하지만, 2년이 조금 지나 새로 들어선 정권이 세입이 필요하자 판매를 재개하였다. 그 뒤로 복권 추첨은 나폴레옹 전쟁을 거치면서도 수그러들지 않고 이어지다 마침내 1836년에 도덕적인 이유로 폐지되었다. 프랑스의 복권 추첨은 어마어마한 규모로 진행한 진정한 랜덤화였다.

시행 기간 내내 당첨 숫자가 곳곳에 공표됐으므로 추첨이 무작위였는지 확인할 수 있다. 프랑스 복권은 6,606번에 걸친 추첨 결과가 있어서 합리적으로 검정할 수 있고 숫자들에 대한 결합 발생 여부를 검정하는 것이 포함되어 있어서 가능한 모든 검정을 통과한다. 놀라운 일은 아니다. 알아챌 수 있는 편향이 조금만 있었어도 복권 구매자를 거들어 복권이 손해를 봤을 것이다.

프랑스 복권은 사회에도 영향을 미쳐 수학 교육 수준을 끌어올렸다. 내기를 따져 보려고 구매자가 조합론을 배웠고 복권 덕분에 당시 쓰던 여러 교재에 사례가 풍부해졌다. 또 복권 관리자는 **그림 6.2**처럼 구매자가 복식으로 돈을 걸 때 값을 정확히 매기도록 수많은 판매 대리인을 교육해야 했다 (관리자들은 여기에 쓸 특수 교재를 만들었다. **그림 6.2**도 그런 교재에서 따왔다).

유익한 점이 또 있었다. 의도하지는 않았지만, 짐작하건대 프랑스 복권은 과학적으로 랜덤화한 사회 조사를 가장 먼저 실시했다. 프랑스 혁명 뒤로 프랑스에서는 당첨 숫자뿐 아니라 네 개 맞추기와 다섯 개 맞추기에서 당첨된 복권도 모두 발표했다. 이 기록에는 당첨금 지급액(여기에서 내기 규모도 알 수 있다.), 당첨 복권을 판 판매 지점 위치와 지점 수가 나와 있다. 당첨자들은 네 개 맞추기에 돈을 건 사람 가운데서 무작위로 뽑혔으므로 프랑스에서 복권 열기가 가장 높았던 곳이 어디이고(물론 파리였지만, 다른 곳도 만만치 않았다.) 시대에 따라 열기가 어떻게 바뀌었는지를 보여준다. 시대에 따른 변화를 살펴보면 마지막 20년 동안 열기가 꾸준히 사그라졌으며 이익이 대규모 운영에 필요한 수익을 밑돌 때만 '도덕적인 문제'가 정책을 좌우한다는 말이 피부에 와 닿았다.

CHAPTER 7

잔차

과학 논리, 모형 비교, 진단 표시

일곱째 마지막 기둥은 나머지, 즉 잔차(Residual)이다. 이름에서 표준 자료 분석에 쓰이는 것이 엿보이고 아주 틀리지도 않지만, 내가 생각한 것은 과학 논리에서 더 크고 더 오래된 주제이다.

존 허셜의 아버지는 천왕성을 발견한 윌리엄 허셜이다. 그러므로 천문학에서는 존이 아버지의 뒤를 따랐다. 하지만, 윌리엄 허셜이 천문학 외에 관심을 쏟은 분야가 음악인 반면, 존 허셜은 수학과 과학, 철학에 관심을 기울였고 마침내 당대 과학자 가운데 손꼽히게 명예와 존경을 누렸다. 1831년에 발표한 《자연 철학 연구를 다룬 기초 담론(A Preliminary Discourse on the Study of Natural Philosophy)》은 과학적 발견 과정을 다룬 책으로, 폭넓은 영향을 끼쳤다. 이 책에서 허셜은 잔차 현상(residual phenomena)이라 이름 붙인 것을 특히 강조했다.

"복잡한 현상에서는 함께 일어나거나 대립하거나 꽤 독립인 여러 원인이 한꺼번에 작용해 복합 효과를 낸다. 이때 이미 아는 원인의 효과를 제거하면 귀납적으로 추론하거나 경험에 기대 복잡한 현상을 사례의 성질이 허용하는 만큼 단순하게 할 수 있다. 그리하여 이른바 잔차 현상을 설명할 수 있다. 지금과 같이 과학이 진전한 상태에서는 사실 이런 과정이야말로 과학을 크게 장려한다. 자연이 드러내는 현상은 대부분 매우 복잡하게 얽혀 있다. 그러므로 이미 아는 모든 원인의 효과를 정확히 추정해 제거할 때 나머지 사실들이 완전히 새로운 현상으로 끊임없이 드러나 가장 중요한 결론을 이끌어 낸다."[1]

역사적 관점에서 보면 불운하게도 존 허셜은 예를 잘못 골랐다. 이런 추론 덕분에 에테르(뒤에 '발광성 에테르'라 불린다.)를 '발견했다'고 여겼다. 당시에는 에테르가 우주 공간을 채워 빛을 전달하고 뉴턴 이론에 몇 가지 예외를 일으킨다고 믿었다. 이 물질은 아직도 발견되지 않았다. 하지만, 과학적 원리는 타당했고 탁월했다. 이유를 설명해 보고 아직 설명하지 못한 이유가 무엇인지 파악하면 상황을 알 수 있다.

허셜의 책에 영향을 받은 사람을 꼽자면, 다윈은 이 책 때문에 과학자가 될 마음을 먹었다고 한다. 또 존 스튜어트 밀(John Stuart Mill)은 1843년에 펴낸 책《논리학 체계(A System of Logic)》에서 실험에 입각한 네 가지 탐구 방법 중 허셜의 발상이 가장 탁월하다고 주장했다. 밀은 허셜이 붙인 이름을 살짝 바꿔 '잉여법(the Method of Residues)'이라 부르고 이렇게 적었다. "자연법칙을 탐구하는 모든 방법 가운데 이 방법이야말로 예상치 못한 결과를 가장 많이 내놓는다. 따라서 원인과 결과가 그다지 눈에 띄지 않아 관찰자가 바로 알아채지 못하는 전후 순서를 알려준다."[2]

그러니까 개요로 보면 잔차라는 발상은 전통적이지만, 통계학이 잔차를 발전시켜 새롭고 강력한 과학적 방법으로 거듭나게 해 과학 분야의 관행을 바꾸었다. 잔차라는 발상을 통계적으로 해석하고 관련 과학 모형과 연계함으로써 잔차는 학문적으로 새 힘을 얻었다. 통계적으로는 가설 모형으로 자료 생성 과정을 설명하고, 모형과 자료의 편차를 비공식적인 그래프나 표 또는 공식적인 통계 검정으로 살펴보아 더 단순한 모형을 더 복잡한 모형과 비교한다(즉 두 '내포' 모형을 비교해서 한 모형을 다른 모형의 특수 사례로 삼는다).

아주 초기에 나온 사례는 작고 집중적인 내포 모형(nested model)을 수반했다. 이 모형에서는 한 이론을 조금 더 복잡한 이론과 비교했다. 가장 단순한 유형을 잘 보여주는 사례는 1장에서 다룬 18세기의 지구 모양 연구이다. 그 사례에서 더 작은 기본 모형은 구인 지구이다. 그리고 이를 검정하고자 타원체인 지구 즉 양극 방향으로 눌리거나 길쭉한 모양인 지구를 이용해 조금 더 복잡한 모형을 만든다. 이제 지구에서 구체를 뺀 뒤 기본 모형에서 조금이라도 벗어날 때 잔차가 어느 방향을 암시하는지 알아본다. 하지만, 어떤 방법을 써야 할까? 그런 검정을 하려면 어떤 측정법으로 지구를 재야 할까? 18세기에 쓴 방법은 자오선을 따라 짧은 호 길이를 여럿 재는 것이었다. A가 위도 L의 1° 호 길이이고, 지구가 구라면, A는 어느 위도에서 재든 똑같아야 한다. 즉, A=z여야 한다. 하지만, 지구가 타원체라면 A=z+ y·sin²(L)에 꽤 가까워야 한다. 지구가 양극 방향으로 눌리거나 길쭉하다면 y>0이거나 y<0일 것이다. 그러므로 여러 위도에서 잰 호 길이가 있을 때 질문은 이랬다. 수식을 y=0, 즉 A=z와 맞추어 볼 때 sin²(L)이 증가할수록 잔차가 늘어났는가, 줄어들었는가, 똑같았는가? 극에 가까울수록 1°의 호 길이가 적도 가까이에서보다 짧아졌는가, 길어졌는가?

그림 7.1은 루저 요시프 보스코비치가 손수 그린 것으로, XY는 구를 나타내는 선(z가 자료에 쓸 평균 호 길이일 때 A=z를 나타내는 선)이고, 따라서 a, b, c, d, e로 표시한 다섯 측정점은 XY와 멀어진 잔차이다. 가로축 AF에서는 A일 때 0부터 F일 때 1까지 sin²L 값을 얻는다. 세로축 AX에서는 호 길이 A를 얻는다. 보스코비치가 자신의 연산으로 찾아낸 선, 즉 다섯 점의 무게 중심 G를 지나가 절대 수직 편차의 합이 최소로 나오는 선을 GV로 나타낸 것이다. GV로 보아 XY에서 벗어난 잔차는 기울기가 양이다. 달리 말해 지구는 위아래로 눌린 타원체이다.

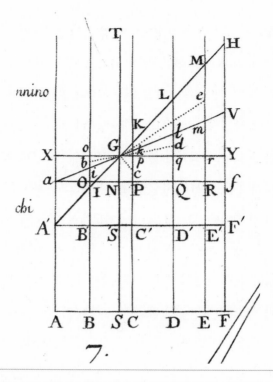

그림 7.1 보스코비치가 1770년에 손수 그린 그림. XY는 구를 나타내는 선, 다섯 측정점 *a*, *b*, *c*, *d*, *e*는 XY에서 벗어난 잔차이다. 보스코비치가 자신의 연산법으로 구한 선은 GV로, XY에 대한 잔차의 기울기를 나타낸다(Maire and Boscovich 1770).

이 상황은 내포 모형 한 쌍이 보여줄 수 있는 가장 단순한 사례였고, 여기서는 $A=z$가 $A=z+y \cdot \sin^2(L)$의 특수 사례였다. 그러니까 한 회귀 방정식을 '예측 변수(predictor)', 즉 $\sin^2(L)$이 더해진 다른 회귀 방정식과 비교한 초기 사례이다. 보스코비치는 확률을 조금도 언급하지 않았지만(그래서 y의 추정 값과 관련한 불확실성을 추정하지 않았지만), 그가 쓴 기본 방식은 그때부터 지금까지 모형의 타당성을 통계적으로 탐구하는 데 대들보 같은 역할을 했다.

　이런 내포 모형은 물리학에서 자연스럽게 생겨났다. 더 단순한 모형이 더 복잡해지다가 국소 근사로서 선형화하면 방정식에 항이 하나 이상 늘어나는 경향을 보였다. 그래서 방정식의 성분마다 실험 오차에 좌우되는 값을 측정했고, 1805년 뒤로 최소 제곱법이 발전하면서 비교하기가 간단해졌다. 추가 항이 0인가, 0이 아닌가? 이 물음은 레온하르트 오일러(Leonhard Euler), 조제프 루이 라그랑주, 피에르 시몽 라플라스가 1700년대에 행성 운동에서 뉴턴의 이체(two-body) 모형에 삼체(three-body) 인력을 도입하려고 각자 다른 방식을 시도했을 때 떠오른 쟁점이었다. 이들의 연구는 잔차 효과를 관측한 덕분에 활기를 띠었다. 토성과 목성의 궤도를 더 정확히 밝혀내고 오랜 기간에 걸친 자료를 정밀하게 조사하자 지난 몇백 년 동안 목성은 속도가 빨라지고 토성은 늦어진 사실이 드러났다. 만약 이 거대한 물체들의 궤도가 불안정하다면 태양계에 좋은 징조가 아니었다. 그렇지만, 그런 변화를 일으킬 만한 원인이 태양, 목성, 토성 사이의 삼체 인력밖에 없다는 짐작이 들었다. 오일러와 라그랑주도 중요한 진척을 이루었지만, 연구를 마무리 지은 사람은 라플라스였다. 라플라스는 행성 운행의 방정식을 확장하고 고차항을 한데 묶어 겉으로 드러난 목성과 토성의 움직임이 고차항의 효과에 따른 것인지 검정할 수 있는 법을 알아냈다. 라플라스가 알아낸 방법으로 확인해 보니 관측한 속도 변화는 두 행성의 평균 운행 속도 비율이 거의 5:2인 까닭에 운행에서 약 900년 단위로 일어나는 변화 가운데 하나일 뿐이었다.[3] 잔차 분석 덕분에 태양계가 위기를 벗어났다.

이런 연구들을 여러 사람이 본보기로 삼아 따라 했다. 1820년대 무렵에는 비교에 유의성 검증을 꽤 썼고, 적어도 설명되지 않은 불일치를 추가 계수의 확률 오차 추정 값과 비교할 때는 반드시 유의성 검증을 썼다. 라플라스가 1825년부터 1827년까지 달이 대기 조석에 미치는 영향을 연구한 것이 그런 종류이다(3장 참조). 이 접근법은 내포하지 않는 모형들을 비교할 때는 쓰기가 쉽지 않았다. 한 모형에 잔차가 없을 때를 다른 모형이 나타내지 않았기 때문이다. 그렇다 하더라도 본질이 어려운 철학적 질문에는 널리 인정된 접근법이 아직 없다. 이 질문에서는 모형을 말해도 '더 단순한'의 말뜻이 쉽게 와 닿지 않기 때문이다.

1900년 무렵, 사회 과학은 물리학에서 쓰던 선형 방정식을 받아들여 새 용도로 쓰면서부터 자연스럽게 같은 길을 따랐다. 즉 원인을 '설명하는' 변수 집단을 규정한 다음, 변수 몇 개를 선형적으로 더한 뒤 더한 항 때문에 중요한 차이가 생기는지, 이들 항이 통계적으로 0과 같은지를 살펴보았다. 완벽하게 전개한 초기 사례로는 1899년에 G. 우드니 율이 당시 영국 복지 제도인 구빈법(Poor Laws)을 살펴본 것이 있다.[4] 율은 한 조사에서 빈곤 수준과 생활보장 보조금의 관계를 들여다보았다.

used. Then suppose a characteristic or regression equation to be formed from these data, in the way described in my previous paper, first between the changes in pauperism and changes in proportion of out-relief only. This equation would be of the form—

change in pauperism
$$= A + B \times \text{(change in proportion of out-relief)}\ \Big\} - $$
where A and B are constants (numbers)   (1)

This equation would suffer from the disadvantage of the possibility of a double interpretation, as mentioned above : the association of the changes of pauperism with changes in proportion of out-relief might be ascribed *either* to a direct action of the latter on the former, *or* to a common association of both with economic and social changes. But now let all the other variables tabulated be brought into the equation, it will then be of the form—

change in pauperism =
$a + b \times$ (change in proportion of out-relief)
$+ c \times$ (change in age distribution)
$+ d \times$
$+ e \times$ $\Big\}$ changes in other economic, social, and moral factors
$+ f \times$

$\Big\}$ (2)

Any double interpretation is now—very largely at all events—excluded. It cannot be argued that the changes in pauperism and out-relief are both due to the changes in age distribution, for that has been separately allowed for in the third term on the right ; $b \times$ (change in proportion of out-relief) gives the change due to this factor *when all the others are kept constant*. There is still a certain chance of error depending on the number of factors correlated both with pauperism and with proportion of out-relief which have been omitted, but obviously this chance of error will be much smaller than before.

그림 7.2 율이 구호 대상자의 변화를 계산한 다중 회귀식(Yule 1899)

생활보장 보조금을 늘리면 빈곤 수준은 올라갈까, 내려갈까? 그래서

1871년 자료와 1881년 자료를 비교해 10년 동안 한 자치구역에서 '원외 구

호'(생활보장)를 받는 비율의 변화가 그 지역의 '구호 대상자'(빈곤률) 변화

에 미친 영향을 밝히려 했다(**그림 7.2**). 이 비교는 지역에 따라 측정점이 달라지는 단순 회귀였겠지만, 율은 생활보장 말고도 다른 경제 요인이 바뀐 것을 알았다. 그래서 질문의 틀을 바꾸어 잔차 현상을 따졌다. 즉, 자료가 있는 여러 경제 요인의 영향을 반영해 식을 바로잡았을 때 어떤 관계가 나타날까? 중요 사항을 꼼꼼히 반영한 오랜 기간의 연구를 통해 생활보장과 빈곤 수준이 정적 상관관계임을 발견했다.

이 결과를 해석하는 문제와 상관에서 인과 관계를 추론하기 어렵다는 문제는 지금처럼 당시에도 골칫거리였고, 율도 신중하게 의견을 언급했다. 하지만, 이 일은 사회 과학 연구에 새 시대가 열렸음을 나타냈다. 율이 쓴 접근법은 난감한 상황을 맞이했다. 비록 율이 조금이라도 더 복잡한 관계에 가장 가까운 선형 근사를 추정했다고 언급했지만, 선형 방정식에 미심쩍은 구석이 있었다. 게다가 '설명' 변수의 상호 관계가 해석을 무척 이해하기 어렵게 할 수 있었다. 신중하게만 쓴다면 이 접근법은 강력한 탐구 기법이었다. 중요한 진전이 없었다면 이 기법은 아직도 선형 최소 제곱법에 한정되었을 듯하다. 그 진전은 바로 모수 모형(parametric model)을 도입한 일이다.

로널드 A. 피셔가 이룬 절묘한 혁신 가운데 하나가 모수적 모형을 명료하게 쓴 일이다. 피셔 자신이 이 사실을 한 번도 강조하지 않았으므로 이 혁신을 모르고 지나치기 쉽다. 1922년에 피셔가 이론 수리통계학을 새로 소개한 핵심 논문을 보면 '모수(parameter)'라는 말이 곳곳에 나온다. 하지만, 피셔나 다른 이들이 이전에 진행한 통계 연구에서는 이 말이 거의 나오지 않는다.[5] 피셔는 칼 피어슨의 매우 일반적인 불특정 모집단 분포 $f(x)$를 다차원 모수일 θ의 매끄러운 함수인 분포 모임 $f(x;θ)$로 바꾸었다. 그래서 자신이 추정과 검정에서 연구한 문제에 대해 제약과 구조를 제공해 전에는 불가능했던 수학적 분석을 할 수 있게 했다. 뒤돌아보면 이전 최소 제곱법의 선형 모형을 모수적 모형의 특수 사례로 생각할 수 있지만, 피셔의 이론 확장은 훨씬 더 일반적인 데다 뜻하지 않게도 이론적 열매까지 맺었다.

예지 네이만 그리고 칼 피어슨의 아들인 에곤 S. 피어슨은 1928년부터 1933년 사이에 펴낸 논문들에서 피셔의 혁신을 받아들여 처음부터 검정 모형에 맞추어 설계한 가설을 검정하는 접근법으로 바꾸었다. 네이만-피어슨 보조 정리로 널리 알려진[6] 가장 강력한 연구 결과는 내포하지 않는 두 모형을 비교하는 데까지 답을 내놓았지만, 모형이 완전히 특정되었을 때, 즉 추정해야 할 미지의 모수가 하나도 없을 때뿐이었다. 질문은 단도직입적이었다. 자료가 표본 분포 A에서 나왔는가, 표본 분포 B에서 나왔는가? 훨씬 더 일반적인 것은 명백하게 잔차 유형인 일반화 가능도비 검정(generalized likelihood ratio test)이었다. 이 검정은 모수화한 분포 모임이 자신을 포함하는 훨씬 더 광범위한 모임과 겨루는 대결로 볼 수 있다. 물론 더 큰 모임이 유연성도 더 크므로 더 가까이 적합할 것이다. 하지만, 유연성이 늘어나 이득을 얻는다고 해서 더 큰 분포 모임을 쓰는 것이 충분히 정당화될까? 무엇보다도 이점만을 따져 볼 때 이점이 우리 기대치보다 큰가?

간단한 예로 칼 피어슨이 1900년에 연구한 문제를 생각해 보자.[7] 프랭크 웰던(Frank Weldon)은 확률을 더 잘 이해해 보겠다는 마음에서 어마어마한 노력을 들여 주사위 열두 개를 한꺼번에 던져 매번 5 또는 6이 몇 개 나오는지를 세었다. 그리고 이 실험을 모두 26,306번 되풀이했다. 따라서 주사위 하나를 던진 횟수는 12×26,306=315,672번이었다. 피어슨은 **그림 7.3**의 표에서 '관찰 빈도(Observed Frequency)' 열에 결과를 남겼다.

No. of Dice in Cast with 5 or 6 Points.	Observed Frequency, m'.	Theoretical Frequency, m.	Deviation, e.
0	185	203	− 18
1	1149	1217	− 68
2	3265	3345	− 80
3	5475	5576	−101
4	6114	6273	−159
5	5194	5018	+176
6	3067	2927	+140
7	1331	1254	+ 77
8	403	392	+ 11
9	105	87	+ 18
10	14	13	+ 1
11	4	1	+ 3
12	0	0	0
	26306	26306	

그림 7.3 피어슨이 정리한 웰던의 주사위 자료(Pearson 1900)

통계학을 떠받치는 일곱 기둥 이야기

이 일이 얼마나 수고로웠는지는 내 수업을 듣던 학생 잭 래비가 몇 년 전에 그 실험을 되풀이한 사실로 알 수 있었다.[8] 래비는 이 실험을 기계적으로 수행할 방법을 고안했다. 평범한 주사위 열두 개를 상자에 넣고 흔든 다음 주사위가 자리를 잡으면 컴퓨터로 결과를 찍었다. 그런 다음 사진을 컴퓨터로 처리해 자료를 얻었다. 시행이 한 번 끝나기까지 약 20초를 넘지 않았다. 기계는 밤낮으로 돌아가 한 주 뒤 시행 26,306번을 마쳤다. 한 사람이 이 일을 모두 손으로 한다고 상상해 보라. 웰던은 한 보고서에서 아내가 일을 도왔음을 내비쳤다. 이 일로 두 사람의 결혼 생활이 얼마나 살얼음판 같았을지 아직도 궁금하다.

웰던이 진행한 실험의 요점은 현실이 이론에 얼마나 가까운지를 살펴보는 것이었다. 시행마다 나올 수 있는 결과는 0번에서 12번까지 모두 열세 가지였다. 한 치도 어긋나지 않게 공정한 주사위를 완전히 독립적으로 던진다면, 이론상 '5 또는 6'이 나올 확률은 한 번 시행에 던지는 주사위 열두 개마다 $\frac{1}{3}$이었다. 따라서 열두 개 가운데 k개가 '5 또는 6'이 나올 확률은 이항 확률 $P\{k = 5 \text{ 또는 } 6\text{이 나오는 주사위 수}\} = \binom{12}{k}\left(\frac{1}{3}\right)^{k}\left(\frac{2}{3}\right)^{12-k}$ 였다. **그림 7.3**에서 이론상 빈도(Theoretical Frequency) 열이 26,306번 시행에서 나올 이 값을 보여준다.

1900년 이전은 물론 1900년에도 이 질문은 제대로 다루기가 극히 까다로웠다. 측정점이 13개 차원의 공간에 있었고(**그림 7.3**에서 m') 통계학계에게는 그런 구조가 낯설었다. 26,306회에 걸친 시행 전체를 볼 때 이항 모형을 버려야 하는 이론상 빈도(**그림 7.3**에서 m)와 차이가 아주 컸는가? 이항 모형 가설을 버려야 한다면, 어떤 가설을 지지해야 할까? 프랜시스 에지워스와 피어슨 같은 당대의 유명한 분석가들은 13개 차원(**그림 7.3**의 13개 행)을 하나하나 따로 떼어 살펴보면 틀린다고 보았다. 하지만, 그렇다면 어찌해야 할까? 1900년에는 피어슨이 제시한 대로 카이제곱 검정의 전개를 쓰는 해법이 정말로 과감한 조치였다. 다중 검정을 한꺼번에 실시하는 법을 처음으로 보여주었기 때문이다. 달리 말해 카이제곱 검정은 13개 질문이 포함된 사실뿐 아니라 13개 질문이 서로 뚜렷하게 종속한다는 것도 보완해서 검정 하나에 13개 차원을 포함했다. 한 차원에서 측정점 조(組)가 이론과 크게 다르다면 다른 차원에서도 크게 다를 수 있다. 예를 들어, 한 차원에서 5나 6이 하나도 나오지 않는다면 나머지 차원 중 어디에서 틀림없이 너무 많이 나올 것이다. 카이제곱 검정은 단순 모형과 다른 아주 광범위한 설명 조(組)와 대립시켜 검정했다. 이때 설명에는 26,306회 시행이 독립인 한, 가능한 모든 이항 분포는 물론이고 그 밖의 다른 분포까지 모두 들어갔다.

피어슨의 검정을 써보니 자료가 단순 모형과 일치하지 않았다. 무언가 다른 것이 작용했다. 자료를 살펴보니 5 또는 6이 나온 빈도가 주사위 세 개에 한 번꼴보다 더 많았다. 자료로 볼 때 '5 또는 6'이 나온 비율이 $106,603/315,672 = 0.3377$로, $\frac{1}{3}$보다 약간 컸다. 그러자 피어슨은 $P\{k = 5 \text{ 또는 } 6\text{이 나오는 주사위 수}\} = \binom{12}{k}(\theta)^k(1-\theta)^{12-k}$인 일반 이항 가설을 검정했지만, 이론값을 계산할 때 θ = ⅓을 고집하지 않고 θ = 0.3377을 써 적합도를 높였다(**그림 7.4**).

Group.	m'.	m.	e.	e²/m.
0	185	187	− 2	·021,3904
1	1149	1146	+ 3	·007,8534
2	3265	3215	+ 50	·777,6050
3	5475	5465	+ 10	·018,2983
4	6114	6269	−155	3·991,8645
5	5194	5115	+ 79	1·220,1342
6	3067	3043	+ 24	·189,2869
7	1331	1330	+ 1	·000,7519
8	403	424	− 21	1·040,0948
9	105	96	+ 9	·841,8094
10	14	15	− 1	·666,6667
11	4	1	+ 3	9
12	0	0	0	0

그림 7.4 웰던의 주사위 자료에서 이론값 *m*을 피어슨이 θ = 0.3377을 써서 다시 계산한 표(Pearson 1900)

새로 계산한 *m* 값을 쓴 자료는 실제로 카이제곱 검정을 통과했다. 피어슨의 이론대로라면 근본적으로 자료가 이론값을 정하게 한다는 사실을 고려하지 않았으므로 실수를 범했다는 것을 피셔는 자신이 고안한 새 개념, 모수적 모형을 바탕으로 1920년대 초반에 증명했다. 하지만, 이 경우에는 심각한 오류가 아니어서 피셔가 사라진 '자유도'를 보정한 뒤에도 결론이 그대로였다.[9]

피어슨은 θ가 0.3377로, ⅓보다 큰 까닭이 실험 당시나 이후에도 그랬듯이 주사위에서 점 부분을 조금씩 파내므로 여섯 면 가운데 5와 6쪽이 터

럭만큼이라도 가벼워서라고 추측했다. 그 뒤로 20세기 내내 이 추측이 자리를 지켰고, 사람들이 듣기에도 맞는 듯했다. 하지만, 래비가 종류가 같은 주사위로 실험을 재현해 보니, 놀라운 일이 일어났다.[10] 웰던과 그의 아내는 '5 또는 6' 또는 '5 또는 6이 아님'으로만 기록했지만, 래비는 컴퓨터로 세다 보니 주사위 하나하나마다 결괏값을 셀 수 있었다. 피어슨처럼 래비도 결괏값이 단순 가설과 일치하지 않는 것을 알아냈다. 주사위에서 '5 또는 6이' 나올 비율은 0.3343이었다. 게다가 가장 자주 나오는 면이 실제로 6이었다. 하지만, 반전이 있었다. 두 번째로 자주 나오는 면이 1이었다. 따라서 대안 설명이 나왔다. 주사위에서 1과 6은 서로 반대쪽에 있다. 주사위가 정육면이 아니었을지 모른다. 아마도 두 면 사이가 다른 대립면보다 가까웠을 것이다. 두툼한 사각 동전 같아서 1과 6이 앞면과 뒷면이고 나머지는 테두리였을 것이다. 래비가 캘리퍼스로 주사위를 정확히 재어 보니 역시나 추측대로였다! 래비가 쓴 주사위는 1과 6 사이가 다른 대립면보다 0.2% 짧았다.

피어슨의 검정은 잔차법의 실행에 통계적으로 새로운 앞날을 열었다. 피셔가 자유도 문제를 바로잡고 더 복잡한 모수적 모형으로 다양하게 확장한 덕분에 훨씬 더 복잡한 대안 가설의 총괄에 대응해 매우 복잡한 가설까지 모두 한 번에 검정할 수 있었다. 1970년대에는 일반화 선형 모형이 소개되었다. 이 모형은 표준 선형 모형과 분산 분석뿐 아니라 모수화한 온갖 수치 자료를 포함하고, 심지어 이론 기반을 가로질러 내포 모형 안에서 검정을 사용하기까지 하는 매우 유연한 방식으로 가능도 개념을 일부로 포함했다.

　　이런 확장은 모수적 모형에만 머물지 않는다. 데이비드 콕스는 통찰력을 발휘해 내가 거론하는 잔차 검정에 정말로 필요한 것이 추가분 모수화인지 알아보았다. 즉 기본 모형이 비모수적일 수 있었다.[11] 그러므로 더 단순한 모형을 특수 사례인 더 복잡한 모형과 비교하는 개념을 쓸 때 '더 단순한 모형'이 단순하지 않아도 되었다. 매우 복잡한 모형이어도 괜찮고 꼭 지정되지 않아도 되었다. 정말로 필요한 조건은 추가분이 모수적이라는 것이었다. 설명 능력(Explanatory Power, 관련 주제를 효과적으로 설명하는 가설이나 이론의 능력; 옮긴이)에서 얻는 이점을 엄밀히 검정하려면 강력한 모수적 방법을 써야 하기 때문이었다. 편가능도법(partial likelihood method)으로도 불리는 콕스가 제안한 이 방법은 생존 자료 분석을 비롯한 의학 분야에 콕스 회기 모형을 적용할 때 엄청난 효과가 있었다.

진단과 다른 그림들

통계학에서 잔차 분석이라는 용어가 가장 흔히 나오는 분야는 모형 진단('잔차 그리기')이다. 통계학자 사이에서는 회귀 모형을 적합하게 한 뒤에 '잔차'(=관측한 종속 변수-적합값)를 그려 적합도를 평가하고 패턴을 보고 모형화의 다음 단계가 무엇일지 알아보는 일이 관행으로 자리 잡았다. 예로 **그림 7.5**에 보이는 잔차 그림 두 개를 살펴보자. 위쪽 그림은 갈라파고스 제도에 있는 섬 23곳에서 모은 자료로 구한 회귀식 $S=a+bA+cE$의 잔차이다.[12] 여기서 S는 고유종 수, A는 섬, E는 각 섬에서 가장 높은 해발 높이이고, 회귀식으로 A와 E가 종 다양성 S에 얼마나 영향을 미치는지 알아보려 했다. 이 적합 모형에서 나온 잔차 23개는 차이 $S-\hat{s}$이다. 이때 각 $\hat{s}$는 a, b, c가 최소 제곱 추정 값일 때 섬의 $a+bA+cE$ 값이다. $\hat{s}$에 견주어 $S-\hat{s}$를 그려 보면 $\hat{s}$가 클수록 변동이 늘어나는 관계가 엿보인다. 따라서 로그를 써서 변수를 변환하면 훨씬 더 합리적인 모형 $logS=a+blogA+clogE$가 나온다는 뜻이다. 이렇게 그린 잔차 그림이 **그림 7.5** 아래쪽에 나와 있다. 두 번째 모형은 곱셈 관계인 $S \propto A^b E^c$를 나타낸다. 분석에 따르면 다윈이 탐사하기에는 갈라파고스가 멋진 곳이었겠지만, 섬과 고도가 종 다양성에 미치는 영향을 분리하기에는 멋진 곳이 아니었다. 얼추 봤을 때 섬들이 화산 원뿔이고 E는 A의 제곱근에 대략 비례한다. 사실 변수를 로그 척도로 살펴보면 logA와 logE는 거의 선형 관계이다. 영향을 분리하려면 다른 자료가 있어야 한다.

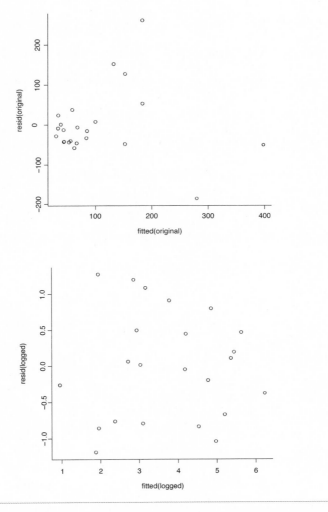

그림 7.5 갈라파고스 자료의 잔차 그림. (위) 원래 척도로 그린 잔차, (아래) 로그 척도로 변환해 그린 잔차

통계 그래픽은 역사가 길다. 1700년대에 흥미로운 분야에 적용되기도

했지만, 정말로 꽃을 피운 때는 1900년대에 이르러서였다. 그리고 드디어

컴퓨터 시대를 맞아 폭발적으로 쓰여서 때로 그림 천 장이 말 한마디 가치 밖에 없을 지경에 이르렀다. 오늘날 그래픽을 이렇게 꾸미는 용도로 꽤 많이 쓰기는 하지만, 그런 그래픽을 제외한다면 잔차는 모두 수사적인 도구 아니면 진단 및 발견 도구로만 쓰인다고 말하는 것은 약간 단순화한 측면일 뿐이다. 잔차 그림은 진단과 발견용이다. 하지만, 사실 진단 그림은 모두 어느 정도 잔차 그림이어서 오늘날 광범위하게 정의한 **잔차**를 쓴다. 간단하기 짝이 없는 파이 그림마저도 장식용을 넘어서는 가치가 있을 때는 모든 조각이 똑같다는 기준선에서 벗어난 정도를 이용해 여러 조각이 불균등한 정도를 나타내는 방법으로 쓰일 때이다(**그림 7.6**).

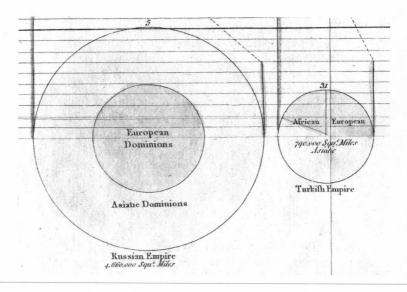

그림 7.6 첫 파이 그림(Playfair 1801)

통계학을 떠받치는 일곱 기둥 이야기

1852년에 윌리엄 파(William Farr)가 1848년부터 1849년 사이 영국을 휩쓸었던 콜레라 유행을 연구해 발표하면서 다른 원 그림을 소개했다.[13] 파는 전염을 일으킨 기전을 찾고 싶었다. 그래서 연간 자료를 나타낸 원 주위로 여러 변수를 그려 넣었다. **그림 7.7**은 1849년 자료이다(원본은 컬러로 인쇄되었다). 바깥 원은 전염병이 없을 때 주당 연평균 사망자를 나타내는 기준선이다. 주간 자료마다 총사망자 수를 중앙에서 벗어난 거리로 나타냈다. 살펴보면 1849년 7월부터 9월 사이에 사망자 수가 엄청나다. 사망자 수가 평균 이하였던 5월과 11월에는 사망자 수가 바깥 원 안쪽에 밝은 색으로 나타난다. 1849년 7월부터 9월 사이에 엄청나게 유행한 콜레라가 단연 눈에 띈다. 파는 콜레라가 공기를 타고 퍼졌을 걸로 의심했지만, 그림으로는 답이 나오지 않았다. 뒤에 파는 그래픽을 쓰지 않은 논거를 바탕으로 콜레라를 퍼뜨린 매개체가 물이라고 확신했다. 안쪽 원은 연평균 온도를 나타내 기준선 역할을 한다. 6월부터 9월 사이에 나타난 고온은 콜레라 유행을 살짝 앞서간다. 함께 놓고 보면 그림에서 콜레라와 기온 모두 잔차 현상(residual phenomena)이 보이므로 둘은 뚜렷하게 관련이 있다.

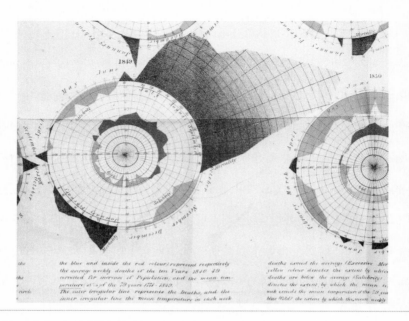

그림 7.7 파가 1849년 콜레라 유행을 나타낸 원그림(Farr 1852)

파가 그린 그림은 다른 중요한 결과도 낳았다. 당시 플로렌스 나이팅게일(Florence Nightingale)이 영국 야전 병원의 위생 시설 관리를 개혁하려고 단단히 마음먹고 있던 참이었다. 그러다 파에게 원그림 아이디어를 듣고 가져다 써 엄청난 수사적 효과를 거뒀다(그림 7.8).

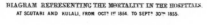

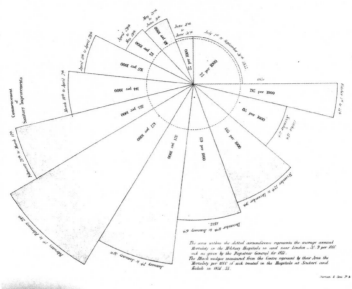

그림 7.8 나이팅게일이 그린 다이어그램. 크림 전쟁 중 야전 병원에서 죽은 사망자 수를 보여준다 (Nightingale 1859).

나이팅게일은 크림 전쟁 동안 크림 반도에서 가까운 터키 위스퀴다르에 있는 군 병원에서 근무했다. 그래서 전투에서 생긴 부상 탓이 아니라 콜레라 같은 질병과 미흡한 위생 정책 때문에 사망자가 많다는 사실을 훤히 알았다. 야전 병원과 달리 영국에 있는 군 병원들은 그런 문제에 대응할 수 있었고 치료 성과도 훨씬 높았다. 나이팅게일은 야전 병원의 위생 수준을 높이라고 공개적으로 요구해야겠다고 마음먹고 영국으로 돌아갔다. 그리고 파가 고안한 그림 형태를 적용해 위스퀴다르와 쿨랠리 병원의 사망자를 커다란 쐐기 모양으로 나타내어 런던 및 주변 군 병원의 평균 사망자를 점선으로 나타낸 기준선과 대조했다. 쐐기 모양이 입이 떡 벌어지도록 기준선보다 컸다. 나이팅게일은 파의 그림에서 한 가지를 바꿨다. 정말 놀라운 일이었다. 파는 사망자 수를 중앙에서 벗어난 거리로 나타냈지만, 나이팅게일은 이와 달리 쐐기의 **면적**으로 나타냈다. 달리 말해 사망자 수의 **제곱근**을 중앙에서 벗어난 거리로 썼다(당시에 이렇게 하려면 상당히 수고스러웠을 것이다. 내가 자료를 바탕으로 높이를 다시 계산해 보니 나이팅게일은 실제로 자기가 주장한 대로 그림을 그렸다).

파가 고안한 그림은 시각 효과에서 오해를 낳았다. 이 방식에서는 사망자 수를 두 배로 늘리면 면적이 네 배로 늘어나 시각 효과가 과장된다. 나이팅게일이 고안한 그림은 과장을 없애 오해를 일으키지 않는다. 얄궂게도 발견을 꿈꾸며 파가 그린 그림은 오해를 일으켰지만, 수사적 효과를 얻을 목적으로 나이팅게일이 그린 그림은 오해를 일으키지 않았다. 물론 두 사람 모두 평균에서 벗어난 잔차를 강조했다.

결론

일곱 기둥은 통계적 지혜를 떠받치는 주요 버팀목이다. 하지만, 일곱 기둥 자체가 지혜를 구성하지는 않는다. 일곱 기둥 모두 기원이 적어도 20세기 초반까지 거슬러 올라가고 고대까지 가는 것도 있다. 오랫동안 쓰이면서 능력을 증명했고 지금도 필요에 따라 새로운 용도에 맞추어서 적응하고 있다. 통계라는 학문의 바탕이자 독창적이고도 탁월한 자료 과학이다. 따라서 일곱 기둥을 자료 과학의 지적 분류 체계로 봐도 좋다. 컴퓨터 과학을 비롯해 아직 정체성을 완전히 갖추지 못해 이름조차 생소한 다른 정보 과학과도 죽이 잘 맞는다. 그런데도 일곱 기둥은 급진적 발상이라서 혹시라도 잘못 적용하면 위험한 데다 익숙하지 않은 분야에 불쑥 적용했다가는 적대 반응을 낳을 수 있다. 일곱 기둥 모두 시대에 뒤떨어지지 않지만, 현대에는 기둥이 더 많아야 하지 않은지 계속 물어도 좋다. 여덟째 기둥을 다듬어야 하지 않을까? 만약 그렇다면 몇 번째가 끝일까? 이 물음을 풀 통계적 접근법으로서 자료인 일곱 기둥을 검토해 답이 엿보이는지 알아보자.

첫째 기둥인 자료 집계는 본질에서 정보 버리기, 즉 '창조적 파괴 (creative destruction)' 활동을 포함한다. 창조적 파괴는 조지프 슘페터 (Joseph Schumpeter)가 경제 재건 형태를 다른 관점에서 설명하려고 쓴 용어이다. 다른 용도로 쓰일 때처럼 자료 집계는 궁극적으로 추구하는 과학 목표를 지원하지 않거나 심지어 훼손하기까지 하는 정보를 원칙에 따라 버려야 한다. 그렇다 해도 다른 관점에서 보면 목표 가운데 하나일지 모를 개별성을 가린다고 비난할 수 있다. 개인별 특성이 없다면 어떻게 '개인 의료 정보 체계'를 개발할 수 있겠는가? 어떤 통계 문제에서는 충분 통계량(관련 정보를 하나도 잃지 않는 자료 요약)이라는 개념을 써도 좋지만, 빅데이터 영역에서는 충분 통계량을 실현하기 어려울 때가 많거나 이를 뒷받침하는 가정이 성립하기 어렵다. 이런 관계의 균형을 맞추는 일이 통계적 지혜를 뒷받침하는 데 필요하다.

둘째 기둥인 정보와 정보 측정은 신호 처리에서와는 다른 뜻으로 통계학에서 사용된다. 자료 집계와 함께 작용하여 줄어드는 정보 취득률이 예상했던 용도와 어떻게 관련이 있는지, 그럼으로써 실험과 자료 집계 형태 양쪽을 계획하는 데 도움이 되는지를 알아보게 한다. 신호 처리에서는 지나간 정보가 일정 비율로 무기한 남을 수 있다. 통계학에서는 신호에서 얻는 정보 축적률이 반드시 줄어든다. 똑같아 보이는 정보 덩어리가 통계 분석에서는 다른 가치를 지닌다는 깨달음은 역설로 남는다.

셋째 기둥인 가능도, 즉 추론을 보정하고 불확실성을 측정할 척도를 제공하고자 사용하는 확률은 특별히 위험하면서 동시에 특별히 가치가 있다. 가능도를 사용해 의미 있는 결과를 얻으려면 가능도를 아주 깊이 이해해서 신중하게 사용해야 하지만, 보상도 그만큼 엄청나다. 그렇게 사용한 가장 단순한 예가 유의성 검정이다. 유의성 검정에서는 오해의 소지가 있게 사용하는 경우가 줄을 이어 왔는데, 특정 용도보다는 대규모 사업을 혹평하기 위해 증거라며 유의성 검정을 사용하였던 것이다. 지난 20세기에 가능도를 사용하는 경우가 늘어나는 것이 명제를 지지하거나 반대하는 증거를 보정한 요약이 있어야 한다는 것을 증명한다. 서투르게 요약을 사용해서 오해를 낳기도 하지만, 그렇다 해서 널리 인정받은 표준은 눈곱만큼도 보정하지 않으려 하면서 구두 요약으로 우리 눈을 가려 훨씬 더 그릇된 방향으로 이끌게 해서는 안 된다. 가능도는 우리가 내린 결론을 평가할 척도를 제공할 뿐 아니라, 분석과 자료 집계 방법, 정보가 쌓이는 속도를 알려줄 길잡이가 될 것이다.

넷째 기둥인 상호 비교는 있는 자료만으로 내부 표준을 제시하고, 효과와 효과의 유의성을 전적으로 판단할 방법을 제공한다. 그래서 상호 비교는 양날의 칼이다. 외부 표준에 기대지 않으므로 우리가 내린 결론이 모든 관련 문제에서 영향력을 발휘하지 못할 수 있기 때문이다. 하지만, 지능적으로 신중히 다룬다면 여섯째 기둥인 설계와 함께 썼을 때 여러 고차원 상황을 이해하는 마법에 버금가는 방법을 얻을 수 있다.

다섯째 기둥인 회귀는 절묘하기 짝이 없다. 통계 분석의 상대성 원리라 할 만하다. 여러 관점에서 한 질문을 던진다는 발상은 기대하지 않은 통찰을 낳을 뿐 아니라 분석의 틀을 잡는 새 방법을 알려준다. 이런 절묘함은 뒤늦게 1880년대에 회귀를 발견함으로써 증명되었다. 회귀는 그저 다변량 객체(multivariate object)를 구성하자는 발상이 아니다. 다변량 객체들을 따로 떼어내 기발한 다변량 분석으로 재조립해 사용하는 방법이다. 역확률이 가장 기본적인 형태로 사용된 흔적은 비교적 오래전부터 보이지만, 1880년대 이전에는 추론을 일반적으로 설명할 방법이 하나도 없었고 베이즈 추론은 특히 그랬다. 초기 시도는 글라이더 비행에 비길 만하다. 잘해 봤자 서서히 떨어질 뿐이지만, 이상적 상황에서는 제한된 영역에서나마 난다는 환상에 빠질 것이다. 1880년대에 이룬 발전으로 비약할 힘을 얻자 대체로 어떤 상황에서든 날아올랐고 몇몇 초기 탐구자에게 심각한 피해를 안겼던 사고나 불가능한 일을 막아냈다. 20세기에 한 번 더 완전히 발전하여 회귀를 이해함으로써 나온 방법들이 더 높이 심지어 더 높은 차원으로 여행할 힘을 실어 주었다. 일상 교통수단이 아직 이루지 못한 기술이었다.

여섯째 기둥인 설계도 매우 절묘하다. 다중 요인을 고려하면서도 고차원 자료를 탐구할 수 있는 모형을 구축할 능력을 갖추었고 모형화에 최소로만 기대어 추론할 바탕을 랜덤화를 써서 만들었다.

마지막 기둥인 잔차는 고차원 자료를 탐구하는 방법으로, 복잡한 모형을 비교하는 논리이고 그래프 분석에서 쓰는 과학적 논리를 똑같이 사용한다. 오늘날 우리가 가장 큰 난관을 만나는 곳도 이 기둥이어서 지난 몇백 년 동안 전반적인 답을 거의 제시하지 못한 질문을 마주하고 있다. 여덟째 기둥이 있어야 할지도 모르겠다는 생각이 드는 곳도 여기이다.

어느 때보다 자료 집합이 커지자 답해야 할 질문이 더 많아지고, 현대 연산법에 내재한 유연성이 우리의 보정 능력, 즉 답의 확실성을 판단할 능력을 넘어서지 않을까 하는 걱정도 늘어간다. 몇몇 대안이나 탄탄히 구축한 모수적 모형에만 주의를 쏟을 수 있을 때는 그런 수단을 편안하게 받아들인다. 하지만, 많은 상황에서는 그런 편안함을 느끼기 어렵거나 느낀다 해도 착각일 뿐이다. 그런 예로 다음과 같은 문제 세 가지를 생각해 보자.

(1) 빅데이터(여러 개별 사례마다 다차원으로 측정한 자료)로 예측이나 분류 기준을 명확히 설명하기

(2) 대규모 다중 비교 문제

(3) 적어도 일부는 탐색적인 과학적 연구의 마지막 단계로서 초점이 분명한 질문이 나오는 사례 분석하기

첫째 예에서 우리는 고차원 탐색에 항상 내재하는 문제를 마주한다. 가령 우리가 특성 20개와 관련해 측정한 반응의 예측을 구축한다고 해보자. 즉, 기계학습에서 흔히 그렇듯 예측 변수가 20차원 공간에 있다. 20차

원 공간은 얼마나 클까? 예측 변수의 범위를 사분위로 나누면 20차원 공간은 420개 구역으로 나뉜다. 개별 사례가 10억 개라면 평균하여 구역 천 개마다 달랑 사례 하나가 있을 것이다. 확신에 차 예측을 구축할 경험적 기준으로 쓰기에는 어림도 없다! 따라서 분석이 합당하려면 차원이 낮은 모수적 모형을 쓰거나 적어도 자료가 차원이 낮은 어떤 부분 공간에 가깝다고 가정하는, 매우 제한된 가정을 세워야만 한다(드러내지 않을 뿐 실제로 그렇게 한다). 기계 학습 영역에서는 그런 가정 아래 뛰어난 알고리즘이 여럿 고안되었다. 하지만, 대개 그런 뛰어난 일부 사례에서만 제대로 적용되어 제한된 지지를 받을 뿐 포괄적으로 적용할 수 있다는 증거는 거의 없다. 이른바 지지도 벡터 머신(support vector machine, SVM)이라는 한 사례에서 통계학자 그레이스 와바(Grace Wahba)는 이 사례가 특정 베이즈 절차에 가깝다고 볼 수 있음을 증명했고, 그리하여 지지도 벡터 머신이 그토록 잘 작동하는 이유와 조건이 무엇인지를 명확히 밝힘으로써 지지도 벡터 머신을 어떻게 확장할 것이냐는 엄청난 지식을 우리에게 선사했다.

둘째 유형인 다중 비교 문제에서 우리는 잠재적으로 검정을 매우 여러 번 실시해야 한다는 전망과 마주한다. 분산 분석에서 이는 아주 많은 쌍별 비교에 대한 신뢰 구간으로 여러 요인의 효과를 비교하는 일일 수 있었다. 유전체 연구에서는 수많은 부위를 집어넣어 서로 독립이지 않은 별개의 유의성 검정을 할 것이다. 사례를 오직 한 쌍 또는 하나만 구할 수 있을 때 적절한 확률 보정(신뢰 구간 또는 유의성 검정)은 아주 극단적으로 말해 사례가 50만 개 가운데에서 고른 것이라면 쓸모가 없다. 1960년대에 존 W. 튜키와 헨리 쉐페(Henry Scheffé)가 그런 선택을 보정하고자 더 큰 신뢰 구간을 써서 결과로 나온 주장을 약화하는 절차를 설계했지만, 그때도 사람들은 이 절차가 완벽한 답이 아니라는 것을 알았다. 데이비드 콕스는 1965년에 이런 어려움을 일부 알아챘다. "여러 명제가 동시에 참일 확률을 계산할 수 있다는 것은 사실이지만, 한 명제의 불확실성을 측정하는 데 그 확률이 적합하지 않을 때가 대부분이다."[1] 콕스는 튜키나 쉐페가 설계한 것 같은 총체적 수정이 확보한 자료의 특성에 조건을 붙이지 않고, 지나치게 보수적일지 모른다는 뜻으로 말한 것이었다. 그 뒤로 오류 발견률(false discovery rate) 같은 개념이 발전하고 있지만, 문제는 아직도 풀리지 않았다.

셋째로 분석 후반에 초점이 분명한 질문이 나오는 유형의 문제는 앞에서 다룬 두 문제와 관련 있지만, 더 일반적이다. 스몰 데이터 문제에서마저 선택할 방법이 많을 것이다. 아주 많아서 어찌 보면 실제로는 커다란 난관이 된다. 알프레드 마샬(Alfred Marshall)은 앞서 1885년에 이를 알아채고서 이렇게 적었다. "이론가 가운데 가장 경솔하고 믿지 못할 사람이 사실과 도표가 스스로 말하게 놔두자고 주장하는 이들, 사실과 도표를 골라 분류하고 '먼저 일어난 일이 원인(post hoc ergo propter hoc)'이라는 주장을 내비치는 역할을 자기도 모르게 했을 텐데도 그것을 드러내지 않는 이들이다."[2]

앤드류 갤먼(Andrew Gelman)은 이 문제를 호르헤 루이스 보르헤스가 1941년에 펴낸 이야기의 제목에서 적절한 용어를 빌려 '갈림길이 있는 정원(the garden of forking paths)'으로 묘사했다.[3] 마지막 유의성 평가에서는 중요하지 않은 자료, 방향, 질문 유형 같은 것을 선택하느라 고달프기 짝이 없는 여정을 마치고 결론이 분명 틀림없다고 판단했을 때였다. 빅데이터는 그런 정원일 때가 많다. 정원 안에서는 갈림길마다 초점이 분명한 질문에 우리가 쓰는 보정이 아직도 쓸만하지만, 정원 밖에서 봐도 충분히 쓸만해 보일까?

나는 여덟째 기둥을 세울 곳을 찾아냈지만, 어디인지는 말하지 않았다. 그곳은 수많은 절차가 어떤 특정 질문에 대한 일부 해답과 더불어서 발전해 온 영역이다. 당연히 기둥이 있겠지만, 전체 구조는 승인에 필요한 보편적 동의를 아직 이끌어내지 못했다. 역사를 살펴보면 이 기둥이 한달음에 쉽게 모습을 드러낼 것 같지는 않다. 현재 존재하는 모든 과학에는 저마다 풀리지 않는 수수께끼가 있다. 천문학에는 암흑 에너지와 암흑 물질이, 물리학에는 끈 이론과 양자론이, 컴퓨터 공학에는 P-NP 문제가, 수학에는 리만 가설이 있다. 지금 있는 일곱 기둥 중 적어도 일부는 가장 어려운 사례에도 답을 뒷받침할 수 있다. 통계학은 살아 움직이는 학문이다. 따라서 일곱 기둥이 강한 힘으로 뒷받침한다. 이제 통계학은 다른 분야와 끈끈하게 연대해 도전을 감당하리라는 크나큰 기대를 안고 도전적인 시대에 들어서고 있다.

시작하며

1. Lawrence (1926). 이상하게도 로렌스는 그의 책 제목에서만 '일곱 기둥'을 언급했다.

2. Herschel (1831), 156; 그의 강조.

3. Wilson (1927).

4. Greenfield (1985).

1. 자료 집계

1. Jevons (1869).

2. Borges ([1942] 1998), 131–137.

3. Gilbert ([1600] 1958), 240–241.

4. Gellibrand (1635).

5. Borough (1581).

6. Gellibrand (1635), 16.

7. Gellibrand (1635).

8. D. B. (1668); 그의 강조.

9. Englund (1998), 63.

10. Eisenhart (1974).

11. Patwardhan (2001), 83.

12. Thucydides (1982), 155–156.

13. Köbel (1522).

14. Stigler (1986a), 169–74.

15. Bernard ([1865] 1957), 134–135.

16. Galton (1879, 1883).

17. Galton (1883), 350.

18. Stigler (1984).

19. Stigler (1986a), 39–50.

20. Boscovich (1757).

21. Legendre (1805); Stigler (1986a), 55–61.

2. 정보 측정

1. Galen ([ca. 150 CE] 1944).

2. Stigler (1999), 383–402.

3. Stigler (1986), 70–77; Bellhouse (2011).

4. De Moivre (1738), 239.

5. Laplace (1810).

6. Bernoulli ([1713] 2006); Stigler (2014).

7. Airy (1861), 59–71.

8. Peirce (1879), 197.

9. Ibid., 201.

10. Venn (1878); Venn (1888), 495–498 참조.

11. Stigler (1980).

12. Stigler and Wagner (1987, 1988).

13. Cox (2006), 97.

3. 가능도

1. Byass, Kahn, and Ivarsson (2011).

2. Arbuthnot (1710).

3. Ibid., 188.

4. Bernoulli (1735).

5. Fisher (1956), 39.

6. Hume (1748).

7. Ibid., 180.

8. Bayes (1764); Stigler (2013).

9. Price (1767).

10. Stigler (1986a), 154.

11. Gavarret (1840).

12. Newcomb (1860a, 1860b).

13. Stigler (2007).

14. Fisher (1922); Stigler (2005); Edwards (1992).

15. Bartlett (1937); Stigler (2007).

16. Neyman and Scott (1948).

4. 상호 비교

1. Galton (1875), 34.

2. Galton (1869).

3. Gosset (1905), 12.

4. Gosset (1908); Zabell (2008).

5. Gosset (1908), 12.

6. Gosset (1908), 21.

7. Boring (1919).

8. Pearson (1914).

9. Fisher (1915).

10. Fisher (1925).

11. Edgeworth (1885).

12. Efron (1979).

13. Stigler (1999), 77.

14. Jevons (1882).

15. Stigler (1999), 78.

16. Galton (1863), 5.

17. Yule (1926).

5. 회귀

1. 윌리엄 다윈 폭스에게 보낸 찰스 다윈의 편지, 1855.5.23. (Darwin [1887] 1959, 1:411).

2. Stigler (2012).

3. Galton (1885, 1886).

4. Stigler (1989).

5. Stigler (2010).

6. Darwin (1859).

7. Jenkin (1867); Morris (1994).

8. Galton (1877).

9. Stigler (1999), 203–238.

10. Galton (1889).

11. Hanley (2004).

12. Galton (1885, 1886).

13. Galton (1886).

14. Galton (1889), 109.

15. Fisher (1918).

16. Friedman (1957).

17. Galton (1888).

18. Stigler (1986a), 315–325, 342–358.

19. Dale (1999); Zabell (2005).

20. Bayes (1764).

21. Stigler (1986b).

22. Stigler (1986a), 126.

23. Stigler (1986b).

24. Secrist (1933), i.

25. Stigler (1990).

26. Berkeley (1710).

27. Pearson, Lee, and Bramley-Moore (1899), 278.

28. Hill (1965).

29. Newcomb (1886), 36.

30. Wright (1917, 1975).

31. Goldberger (1972); Kang and Seneta (1980); Shafer (1996).

32. Herschel (1857), 436, 1850년에 처음 출간된 케틀러의 1846년 책 평론에서.

33. Talfourd (1859).

6. 설계

1. Dan. 1:8–16.

2. Crombie (1952), 89–90.

3. Jevons (1874), 2:30.

4. Fisher (1926), 511.

5. Young (1770), 2 (2nd Div.): 268–306.

6. Edgeworth (1885), 639–640.

7. Bortkiewicz (1898).

8. Cox (2006), 192.

9. Peirce (1957), 217.

10. Stigler (1986a), 254–261.

11. Peirce and Jastrow (1885).

12. Fisher (1935), ch. V; Box (1978), 127–128.

13. Fisher (1939), 7.

14. Kruskal and Mosteller (1980).

15. Fienberg and Tanur (1996).

16. Neyman (1934), 616.

17. Matthews (1995); Senn (2003).

18. Stigler (2003).

7. 잔차

1. Herschel (1831), 156.

2. Mill (1843), 1:465.

3. Stigler (1986a), 25–39.

4. Yule (1899); Stigler (1986a), 345–358.

5. Fisher (1922); Stigler (2005).

6. Neyman and Pearson (1933)에서 등장, Neyman and Pearson (1936)까지는 "lemma"로 언급하지 않음.

7. Pearson (1900).

8. Labby (2009). www.youtube.com 참조, 'Weldon's Dice Automated'로 검색.

9. Stigler (2008).

10. Labby (2009).

11. Cox (1972).

12. Johnson and Raven (1973).

13. Farr (1852).

결론

1. Cox (1965).

2. Marshall (1885), 167–168.

3. Borges ([1941] 1998), 119–128.

Adrain, Robert (1808). Research concerning the probabilities of the errors which happen in making observations, etc. *The Analyst; or Mathematical Museum* 1(4): 93–109.

Airy, George B. (1861). *On the Algebraical and Numerical Theory of Errors of Observations and the Combination of Observations*. 2nd ed. 1875, 3rd ed. 1879. Cambridge: Macmillan.

Arbuthnot, John (1710). An argument for Divine Providence, taken from the constant regularity observ'd in the births of both sexes. *Philosophical Transactions of the Royal Society of London* 27: 186–190.

Bartlett, Maurice (1937). Properties of sufficiency and statistical tests. *Proceedings of the Royal Society of London* 160: 268–282.

Bayes, Thomas (1764). An essay towards solving a problem in the doctrine of chances. *Philosophical Transactions of the Royal Society of London* 53: 370–418.

Bellhouse, David R. (2011). *Abraham de Moivre: Setting the Stage for Classical Probability and Its Applications*. Boca Raton, FL: CRC Press.

Berkeley, George (1710). *A Treatise Concerning the Principles of Human Knowledge, Part I*. Dublin: Jeremy Pepyat.

Bernard, Claude ([1865] 1957). *An Introduction to the Study of Experimental Medicine*. Translated into English by Henry Copley Greene, 1927. Reprint, New York: Dover.

Bernoulli, Daniel (1735). Recherches physiques et astronomiques sur le problème proposé pour la seconde fois par l'Académie Royale des Sciences de Paris. Quelle est la cause physique de l'inclinaison de plans des orbites des planètes par rapport au plan de l'équateur de la révolution du soleil autour de son axe; Et d'où vient que les inclinaisons de ces orbites sont différentes entre elles. In *Die Werke von Daniel Bernoulli: Band 3, Mechanik*, 241–326. Basel: Birkhäuser, 1987.

Bernoulli, Daniel (1769). *Dijudicatio maxime probabilis plurium observationum discrepantium atque verisimillima inductio inde formanda.* Manuscript. Bernoulli MSS f. 299–305, University of Basel.

Bernoulli, Jacob ([1713] 2006). *Ars Conjectandi.* Edith Dudley Sylla의 서문 *The Art of Conjecturing*과 함께 영어로 변역. Baltimore: Johns Hopkins University Press.

Borges, Jorge Luis ([1941, 1942] 1998). *Collected Fictions.* Trans. Andrew Hurley. New York: Penguin.

Boring, Edwin G. (1919). Mathematical vs. scientific significance. *Psychological Bulletin* 16: 335–338.

Borough, William (1581). *A Discours of the Variation of the Cumpas, or Magneticall Needle.* In Norman (1581).

Bortkiewicz, Ladislaus von (1898). *Das Gesetz der kleinen Zahlen.* Leipzig: Teubner.

Boscovich, Roger Joseph (1757). De litteraria expeditione per pontificiam ditionem. *Bononiensi Scientiarum et Artium Instituto atque Academia Commentarii* 4: 353–396.

Box, Joan Fisher (1978). *R. A. Fisher: The Life of a Scientist.* New York: Wiley.

Bravais, Auguste (1846). Analyse mathématique sur les probabilités des erreurs de situation d'un point. *Mémoires présents par divers savants à l'Académie des Sciences de l'Institut de France: Sciences mathématiques et physiques* 9: 255–332.

Byass, Peter, Kathleen Kahn, and Anneli Ivarsson (2011). The global burden of coeliac disease. *PLoS ONE* 6: e22774.

Colvin, Sidney, and J. A. Ewing (1887). *Papers Literary, Scientifi c, &c. by the late Fleeming Jenkin, F.R.S., LL.D.; With a Memoir by Robert Louis Stevenson.* 2 vols. London: Longmans, Green, and Co.

Cox, David R. (1965). A remark on multiple comparison methods. *Technometrics* 7: 223–224.

Cox, David R. (1972). Regression models and life tables. *Journal of the Royal Statistical Society*

Series B 34: 187–220.

Cox, David R. (2006). *Principles of Statistical Inference*. Cambridge: Cambridge University Press.

Crombie, Alistair C. (1952). Avicenna on medieval scientific tradition. In *Avicenna: Scientist and Phi los o pher, a Millenary Symposium*, ed. G. M. Wickens. London: Luzac and Co.

D. B. (1668). An extract of a letter, written by D. B. to the publisher, concerning the present declination of the magnetick needle, and the tydes. *Philosophical Transactions of the Royal Society of London* 3: 726–727.

Dale, Andrew I. (1999). *A History of Inverse Probability*. 2nd ed. New York: Springer.

Darwin, Charles R. (1859). *The Origin of Species by Means of Natural Selection, or The Preservation of Favored Races in the Struggle for Life*. London: John Murray.

Darwin, Francis, ed. ([1887] 1959). *The Life and Letters of Charles Darwin*. 2 vols. New York: Basic Books.

De Moivre, Abraham (1738). *The Doctrine of Chances*. 2nd ed. London: Woodfall.

Didion, Isidore (1858). *Calcul des probabilités appliqué au tir des projectiles*. Paris: J. Dumaine et Mallet-Bachelier.

Edgeworth, Francis Ysidro (1885). On methods of ascertaining variations in the rate of births, deaths and marriages. *Journal of the [Royal] Statistical Society* 48: 628–649.

Edwards, Anthony W. F. (1992). *Likelihood*. Exp. ed. Cambridge: Cambridge University Press.

Efron, Bradley (1979). Bootstrap methods: Another look at the jackknife. *Annals of Statistics* 7: 1–26.

Eisenhart, Churchill (1974). The development of the concept of the best mean of a set of measurements from antiquity to the present day. 1971 A.S.A. Presidential Address. Unpublished. http://galton.uchicago.edu/~stigler/eisenhart.pdf.

Englund, Robert K. (1998). Texts from the late Uruk period. In Josef Bauer, Robert K. Englund, and Manfred Krebernik, *Mesopotamien: Späturuk- Zeit und Frühdynastische Zeit*, Orbis Biblicus et Orientalis 160/1, 15–233. Freiburg: Universitätsverlag.

Farr, William (1852). *Report on the Mortality of Cholera in En gland*, 1848–49. London: W. Clowes and Sons.

Fienberg, Stephen E., and Judith M. Tanur (1996). Reconsidering the fun damental contributions of Fisher and Neyman on experimentation and sampling. *International Statistical Review* 64: 237–253.

Fisher, Ronald A. (1915). Frequency distribution of the values of the correlation coefficient in samples from an indefinitely large population. *Biometrika* 10: 507–521.

Fisher, Ronald A. (1918). The correlation between relatives on the supposition of Mendelian inheritance. *Philosophical Transactions of the Royal Society of Edinburgh* 52: 399–433.

Fisher, Ronald A. (1922). On the mathematical foundations of theoretical statistics. *Philosophical Transactions of the Royal Society of London* Series A 222: 309–368.

Fisher, Ronald A. (1925). *Statistical Methods for Research Workers*. Edinburgh: Oliver and Boyd.

Fisher, Ronald A. (1926). The arrangement of field trials. *Journal of Ministry of Agriculture* 33: 503–513.

Fisher, Ronald A. (1935). *The Design of Experiments*. Edinburgh: Oliver and Boyd.

Fisher, Ronald A. (1939). "Student." *Annals of Eugenics* 9: 1–9.

Fisher, Ronald A. (1956). *Statistical Methods and Scientifi c Inference*. Edinburgh: Oliver and Boyd.

Friedman, Milton (1957). *A Theory of the Consumption Function*. Princeton, NJ: Princeton University Press.

Galen ([ca. 150 CE] 1944). *Galen on Medical Experience*. First edition of the Arabic version, with English translation and notes by R. Walzer. Oxford: Oxford University Press.

Galton, Francis (1863). *Meteorographica, or Methods of Mapping the Weather*. London:

Macmillan.

Galton, Francis (1869). *Hereditary Genius: An Inquiry into Its Laws and Consequences*. London: Macmillan.

Galton, Francis (1875). Statistics by intercomparison, with remarks on the law of frequency of error. *Philosophical Magazine* 4th ser. 49: 33–46.

Galton, Francis (1877). Typical laws of heredity. *Proceedings of the Royal Institution of Great Britain* 8: 282–301.

Galton, Francis (1879). Generic images. *Proceedings of the Royal Institution of Great Britain* 9: 161–170.

Galton, Francis (1883). *Inquiries into Human Faculty, and Its Development*. London: Macmillan.

Galton, Francis (1885). Opening address as president of the anthropology section of the B.A.A.S., September 10, 1885, at Aberdeen. *Nature* 32: 507–510; *Science* (published as "Types and their inheritance") 6: 268–274.

Galton, Francis (1886). Regression towards mediocrity in hereditary stature. *Journal of the Anthropological Institute of Great Britain and Ireland* 15: 246–263.

Galton, Francis (1888). Co-relations and their measurement, chiefly from anthropological data. *Proceedings of the Royal Society of London* 45: 135–145.

Galton, Francis (1889). *Natural Inheritance*. London: Macmillan.

Gavarret, Jules (1840). *Principes généraux de statistique médicale*. Paris: Béchetjeune et Labé.

Gellibrand, Henry (1635). *A Discourse Mathematical on the Variation of the Magneticall Needle*. London: William Jones.

Gilbert, William ([1600] 1958). *De Magnete*. London: Peter Short. Reprint of English translation, New York: Dover.

Goldberger, Arthur S. (1972). Structural equation methods in the social sciences. *Econometrica* 40: 979–1001.

Gosset, William Sealy (1905). The application of the "law of error" to the work of the brewery. *Guinness Laboratory Report* 8(1). (Brewhouse report, November 3, 1904; with board endorsement, March 9, 1905.)

Gosset, William Sealy (1908). The probable error of a mean. *Biometrika* 6: 1–24.

Greenfield, Jonas C. (1985). The Seven Pillars of Wisdom (Prov. 9:1): A mistranslation. *The Jewish Quarterly Review*, new ser., 76(1): 13–20.

Hanley, James A. (2004). "Transmuting" women into men: Galton's family data on human stature. *American Statistician* 58: 237–243.

Herschel, John (1831). *A Preliminary Discourse on the Study of Natural Philosophy.* London: Longman et al.

Herschel, John (1857). *Essays from the Edinburgh and Quarterly Reviews.* London: Longman et al.

Hill, Austin Bradford (1965). The environment and disease: Association or causation? *Proceedings of the Royal Society of Medicine* 58: 295–300.

Hume, David (1748). Of miracles. *In Philosophical Essays Concerning Human Understanding,* essay 10. London: Millar.

Hutton, Charles (ca. 1825). *A Complete Treatise on Practical Arithmetic and Book Keeping, Both by Single and Double Entry, Adapted to Use of Schools.* New ed., n.d., corrected and enlarged by Alexander Ingram. Edinburgh: William Coke, Oliver and Boyd.

Jenkin, Fleeming (1867). Darwin and The Origin of Species. *North British Review*, June 1867. In Colvin and Ewing (1887), 215–263.

Jevons, William Stanley (1869). The depreciation of gold. *Journal of the Royal Statistical Society* 32: 445–449.

Jevons, W. Stanley (1874). *The Principles of Science: A Treatise on Logic and Scientific Method.* 2 vols. London: Macmillan.

Jevons, William Stanley (1882). The solar-commercial cycle. *Nature* 26: 226–228.

Johnson, Michael P., and Peter H. Raven (1973). Species number and endemism: The Galápagos Archipelago revisited. *Science* 179: 893–895.

Kang, Kathy, and Eugene Seneta (1980). *Path analysis: An exposition. Developments in Statistics* (P. Krishnaiah, ed.) 3: 217–246.

Köbel, Jacob (1522). *Von Ursprung der Teilung.* Oppenheym.

Kruskal, William H., and Frederick Mosteller (1980). Representative sampling IV: The history of the concept in statistics, 1895–1939. *International Statistical Review* 48: 169–195.

Labby, Zacariah (2009). Weldon's dice, automated. *Chance* 22(4): 6–13.

Lagrange, Joseph-Louis. (1776). Mémoire sur l'utilité de la méthode de prendre le milieu entre les résultats de plusieurs observations; dans lequel on examine les avantages de cette méthode par le calcul des probabilités, & où l'on résoud différents problêmes relatifs à cette matière. *Miscellanea Taurinensia* 5: 167–232.

Lambert, Johann Heinrich (1760). *Photometria, sive de Mensura et Gradibus Luminis, Colorum et Umbrae.* Augsburg, Germany: Detleffsen.

Laplace, Pierre Simon (1774). Mémoire sur la probabilité des causes par les évènements. Mémoires de mathématique et de physique, présentés à l'Académie Royale des Sciences, par divers savans, & lû dans ses assemblées 6: 621–656. Translated in Stigler (1986b).

Laplace, Pierre Simon (1810). Mémoire sur les approximations des formules qui sont fonctions de très-grands nombres, et sur leur application aux probabilités. *Mémoires de la classe des sciences mathématiques et physiques de l'Institut de France Année* 1809: 353–415, Supplément 559–565.

Laplace, Pierre Simon (1812). *Théorie analytique des probabilités.* Paris: Courcier.

Lawrence, T. R. (1926). *Seven Pillars of Wisdom.* London.

Legendre, Adrien-Marie (1805). *Nouvelles méthodes pour la détermination des orbites des comètes.* Paris: Firmin Didot.

Loterie (An IX). *Instruction à l'usage des receveurs de la Loterie Nationale, établis dans les communes de départements*. Paris: L'Imprimerie Impériale.

Maire, Christopher, and Roger Joseph Boscovich (1770). *Voyage Astronomique et Géographique, dans l'État de l'Église*. Paris: Tilliard.

Marshall, Alfred (1885). The present position of economics. In *Memorials of Alfred Marshall*, ed. A. C. Pigou, 152–174. London: Macmillan, 1925.

Matthews, J. Rosser (1995). *Quantification and the Quest for Medical Certainty*. Princeton, NJ: Princeton University Press.

Mill, John Stuart (1843). *A System of Logic, Ratiocinative and Inductive*. 2 vols. London: John W. Parker.

Morris, Susan W. (1994). Fleeming Jenkin and The Origin of Species: A reassessment. *British Journal for the History of Science* 27: 313–343.

Newcomb, Simon (1860a). Notes on the theory of probabilities. *Mathematical Monthly* 2: 134–140.

Newcomb, Simon (1860b). On the objections raised by Mr. Mill and others against Laplace's presentation of the doctrine of probabilities. *Proceedings of the American Academy of Arts and Sciences* 4: 433–440.

Newcomb, Simon (1886). *Principles of Political Economy*. New York: Harper and Brothers.

Neyman, Jerzy (1934). On two different aspects of the representative method. *Journal of the Royal Statistical Society* 97: 558–625.

Neyman, Jerzy, and Egon S. Pearson (1933). On the problem of the most efficient tests of statistical hypotheses. *Philosophical Transactions of the Royal Society of London* Series A 231: 289–337.

Neyman, Jerzy, and Egon S. Pearson (1936). Contributions to the theory of testing statistical hypotheses: I. Unbiassed critical regions of Type A and Type A1. *Statistical Research Memoirs* (ed. J. Neyman and E. S. Pearson) 1: 1–37.

Neyman, Jerzy, and Elizabeth L. Scott (1948). Consistent estimates based on partially consistent observations. *Econometrica* 16: 1–32.

Nightingale, Florence (1859*). A Contribution to the Sanitary History of the British Army during the Late War with Russia.* London: John W. Parker.

Norman, Robert (1581). *The Newe Attractiue.* London: Richard Ballard.

Patwardhan, K. S., S. A. Naimpally, and S. L. Singh (2001). *Lilavati of Bhaskaracarya.* Delhi: Motilal Banarsidass.

Pearson, Karl (1900). On the criterion that a given system of deviations from the probable in the case of a correlated system of variables is such that it can be reasonably supposed to have arisen from random sampling. *Philosophical Magazine* 5th ser.50: 157–175.

Pearson, Karl, ed. (1914). *Tables for Statisticians and Biometricians.* Cambridge: Cambridge University Press.

Pearson, Karl, Alice Lee, and Leslie Bramley-Moore (1899). Mathematical contributions to the theory of evolution VI. Genetic (reproductive) selection: Inheritance of fertility in man, and of fecundity in thoroughbred racehorses. *Philosophical Transactions of the Royal Society of London* Series A 192: 257–330.

Peirce, Charles S. (1879). Note on the theory of the economy of research. Appendix 14 of *Report of the Superintendent of the United States Coast Survey* [for the year ending June 1876]. Washington, DC: GPO.

Peirce, Charles S. (1957). *Essays in the Philosophy of Science.* Ed. V. Tomas. In dianapolis: Bobbs-Merrill.

Peirce, Charles S., and Joseph Jastrow (1885). On small differences of sensation. *Memoirs of the National Academy of Sciences* 3: 75–83.

Playfair, William (1801). *The Statistical Breviary.* London: T. Bensley.

Price, Richard (1767). *Four Dissertations.* London: Millar and Cadell.

Pumpelly, Raphael (1885). Composite portraits of members of the National Academy of Sciences. *Science* 5: 378–379.

Secrist, Horace (1933). *The Triumph of Mediocrity in Business*. Evanston, IL: Bureau of Business Research, Northwestern University.

Senn, Stephen (2003). *Dicing with Death: Chance, Risk and Health*. Cambridge: Cambridge University Press.

Shafer, Glenn (1996). *The Art of Causal Conjecture*. Appendix G, 453–478. Cambridge, MA: MIT Press.

Simpson, Thomas (1757). An attempt to shew the advantage arising by taking the mean of a number of observations, in practical astronomy. In *Miscellaneous Tracts*, 64–75 and plate. London: Nourse Press.

Stigler, Stephen M. (1980). An Edgeworth curiosum. *Annals of Statistics* 8: 931–934.

Stigler, Stephen M. (1984). Can you identify these mathematicians? *Mathematical Intelligencer* 6(4): 72.

Stigler, Stephen M. (1986a). *The History of Statistics: The Measurement of Uncertainty before 1900*. Cambridge, MA: Harvard University Press.

Stigler, Stephen M. (1986b). Laplace's 1774 memoir on inverse probability. *Statistical Science* 1: 359–378.

Stigler, Stephen M. (1989). Francis Galton's account of the invention of correlation. *Statistical Science* 4: 73–86.

Stigler, Stephen M. (1990). The 1988 Neyman Memorial Lecture: A Galtonian perspective on shrinkage estimators. *Statistical Science* 5: 147–155.

Stigler, Stephen M. (1999). *Statistics on the Table*. Cambridge, MA: Harvard University Press.

Stigler, Stephen M. (2003). Casanova, "Bonaparte," and the Loterie de France. *Journal de la Société Française de Statistique* 144: 5–34.

통계학을 떠받치는 일곱 기둥 이야기

Stigler, Stephen M. (2005). Fisher in 1921. *Statistical Science* 20: 32–49.

Stigler, Stephen M. (2007). The epic story of maximum likelihood. *Statistical Science* 22: 598–620.

Stigler, Stephen M. (2008). Karl Pearson's theoretical errors and the advances they inspired. *Statistical Science* 23: 261–271.

Stigler, Stephen M. (2010). Darwin, Galton, and the statistical enlightenment. *Journal of the Royal Statistical Society* Series A 173: 469–482.

Stigler, Stephen M. (2012). Karl Pearson and the Rule of Three. *Biometrika* 99: 1–14.

Stigler, Stephen M. (2013). The true title of Bayes's essay. *Statistical Science* 28: 283–288.

Stigler, Stephen M. (2014). Soft questions, hard answers: Jacob Bernoulli's probability in historical context. *International Statistical Review* 82: 1–16.

Stigler, Stephen M., and Melissa J. Wagner (1987). A substantial bias in nonparametric tests for periodicity in geophysical data. Science 238: 940–945.

Stigler, Stephen M., and Melissa J. Wagner (1988). Testing for periodicity of extinction: Response. *Science* 241: 96–99.

Talfourd, Francis (1859). *The Rule of Three, a Comedietta in One Act*. London: T. H. Levy.

Thucydides (1982). *The History of the Peloponnesian War*. Trans. Richard Crawley. New York: Modern Library.

Venn, John (1878). The foundations of chance. *Princeton Review*, September, 471–510.

Venn, John (1888). *The Logic of Chance*. 3rd ed. London: Macmillan.

Watson, William Patrick (2013). *Cata logue 19: Science, Medicine, Natural History*. London.

Wilson, Edwin B. (1927). What is statistics? *Science* 65: 581–587.

Wright, Sewall (1917). The average correlation within subgroups of a population. *Journal of the Washington Academy of Sciences* 7: 532–535.

Wright, Sewall (1975). Personal letter to Stephen Stigler, April 28.

Young, Arthur (1770). *A Course of Experimental Agriculture.* 2 vols. London: Dodsley.

Yule, G. Udny (1899). An investigation into the causes of changes in pauperism in England, chiefly during the last two intercensal decades, I. *Journal of the Royal Statistical Society* 62: 249–295.

Yule, G. Udny (1926). Why do we sometimes get nonsense-correlations between time-series? *Journal of the Royal Statistical Society* 89: 1–96.

Zabell, Sandy L. (2005). *Symmetry and Its Discontents: Essays on the History of Inductive Philosophy.* Cambridge: Cambridge University Press.

Zabell, Sandy L. (2008). On Student's 1908 article "The Probable Error of a Mean." *Journal of the American Statistical Association* 103: 1–20.

고마운 이들에게

　이 책은 원래 10년 전에 쓰려고 마음먹은 것이다. 하지만, 생각보다 훨씬 오랜 시간이 걸리고서야 끝을 맺었다. 그래도 책이 늦어지면서 새로운 영역을 탐구하고 다른 관점에서 여러 영역을 다시 살펴볼 기회를 얻었다. 책에 담은 몇 가지 생각을 여러 해 동안 강연에서 발표하는 사이, 여러 사람이 건설적 견해를 건네 도움을 받았다. 그 가운데에는 데이비드 벨하우스(David Bellhouse), 버나드 브루(Bernard Bru), 데이비드 R. 콕스(David R. Cox), 퍼시 다이아코니스(Persi Diaconis), 아마르티아 K. 두타(Amartya K. Dutta), 브래들리 에프론, 마이클 프렌들리(Michael Friendly), 로빈 공(Robin Gong), 마르크 알랑(Marc Hallin), 피터 매컬러(Peter McCullagh), 샤오리 멍(Xiao-Li Meng), 빅토르 파네레토스(Victor Paneretos), 로버트 리처즈(Robert Richards), 유진 세네타(Eugene Seneta), 마이클 스타인(Michael Stein), 크리스 우즈(Chris Woods), 샌디 자벨(Sandy Zabell)이 있다. 2014년 8월에 열린 미국 통계협회 회장 주관 초청 강연에 나를 초대해 이 책의 얼개를 집중적으로 설명하도록 해 준 너새니얼 셴커(Nathaniel Shenker)에게도 감사를 전한다. 그렇다 해도 참을성 있게 격려해 준 편집자 마이클 애런슨과 나를 다그쳐 준 아내 버지니아 스티글러가 없었다면 결코 책을 마무리 짓지 못했을 것이다.

통계학을 떠받치는 일곱 기둥 이야기